OBSERVATIONS ET EXPÉRIENCES

FAITES SUR

LES ANIMALCULES DES INFUSIONS

COLLECTION

" LES MAITRES DE LA PENSÉE SCIENTIFIQUE "

LES MAITRES DE LA PENSÉE SCIENTIFIQUE

COLLECTION DE MÉMOIRES PUBLIÉS PAR LES SOINS DE M. SOLOVINE

OBSERVATIONS ET EXPÉRIENCES

FAITES SUR

LES ANIMALCULES DES INFUSIONS

PAR

Lazare SPALLANZANI

II.

PARIS
GAUTHIER-VILLARS ET Cie, ÉDITEURS
LIBRAIRES DU BUREAU DES LONGITUDES, DE L'ÉCOLE POLYTECHNIQUE.
Quai des Grands-Augustins, 55

1920

OBSERVATIONS ET EXPERIENCES

FAITES SUR

LES ANIMALCULES DES INFUSIONS

CHAPITRE VII

I. Les animalcules soumis aux impressions de diverses odeurs, de diverses liqueurs, de l'électricité et à celle du vide. — II. Effets produits sur eux par l'odeur du camphre et de l'huile de térébenthine, par la fumée du tabac et du soufre. — III. Accidents qu'ils éprouvent quand on les met dans des liqueurs huileuses, spiritueuses et salines. — IV. Phénomène singulier observé dans l'urine. — V. Expériences électriques de M. Pierre Moscati. — VI. Lettres de MM. Bonnet et de Saussure touchant les effets produits par l'électricité sur les animalcules. — VII. Expériences de l'Auteur sur ce sujet. — VIII. Lettre de M. Pierre Moscati. — IX. Diversité des effets produits sur les animalcules par le vide auquel on les avait exposés. — X. Analogie entre nos animalcules et les animaux communs. — XI. Y a-t-il des animaux qui puissent vivre sans le secours de l'air ?

Il y a des odeurs qui sont des poissons très actifs pour les insectes; Réaumur a éprouvé sur eux cet effet de la térébenthine et de la fumée du tabac. L'odeur du camphre, selon Menghini, et sa vapeur sont encore plus efficaces quand on le brûle (1). J'avais résolu de chercher tous les rapports qu'il me serait possible de trouver entre les animaux et les animalcules qui le sont si peu, afin de mieux pénétrer l'origine, la nature et les mouvements de ces êtres nouveaux; c'est pour cela que je voulus savoir quelle serait l'impression que les odeurs

(1) *Comment. Acad. Bononiens.*, t. III.

feraient sur eux? Je commençai mes expériences en exposant des animalcules à l'odeur du camphre, mais leur résultat fut entièrement conforme à ce qu'on avait observé sur les insectes; la vapeur de cette résine mit le trouble et l'agitation parmi les animalcules qui en éprouvèrent l'influence, ils cherchèrent à se soustraire à ces vapeurs malignes en s'enfonçant dans les infusions, et si la vapeur était rare, ils mouraient beaucoup plus tard que lorsqu'elle était forte. L'odeur de l'huile de térébenthine les tuait de même, mais son action sur eux n'était pas aussi prompte que celle du camphre. La fumée du tabac leur devenait mortelle au bout de quelques heures, mais celle du soufre les tuait sur le champ.

Dans les expériences que je fis avec les liqueurs, j'employai surtout les huileuses, parce qu'elles sont mortelles pour les insectes, elles tuèrent aussi les animalcules. Je ne parle pas des liqueurs corrosives et spiritueuses qui les tuèrent dans l'instant, telle est l'eau salée, le vinaigre, l'eau-de-vie, l'esprit-de-vin, etc.

J'ai parlé dans ma Dissertation d'une propriété de l'urine : non seulement elle tue les animalcules, mais elle les réduit encore en parties extrêmement petites; je l'ai observé aussi dans mes nouvelles expériences.

On n'aurait pas pu croire que l'urine de l'homme produisît de petits animacules, lorsqu'on la laisse reposer pendant plusieurs jours, comme Hartsoeker l'avait déjà observé, si l'on n'avait pas toujours vu un phénomène semblable dans le vinaigre; quoique cette liqueur tue aussi promptement que l'urine les animalcules, malgré cela elle est remplie d'anguilles microscopiques. Je ne doutais pas de la vérité du fait; je crus cependant devoir m'en assurer encore, mais je la vis se confirmer de nouveau. L'urine, après avoir séjourné quelque temps dans un vase, se couvrit d'une pellicule de matière qui avait une couleur obscurément cendrée; c'est précisément dans cette matière que se forment les animalcules.

La figure de ces animalcules est arrondie, leur petitesse les fait ressembler à des points animés. L'urine, gardée pendant quelques mois, conserve plus ou moins la même quantité d'animalcules, mais il n'y en paraît aucune espèce nouvelle. On pourrait soupçonner que ces animalcules naissent dans l'urine après un temps aussi long, parce qu'alors elle s'est dépouillée de ce goût âcre et de ce principe corrosif qui tue et détruit subitement les autres animalcules. Mais outre les caractères d'une vraie urine qu'elle conserve, elle est encore alors fatale aux autres animalcules; d'ailleurs, les animalcules nés dans des vases où l'urine a séjourné pendant quelque temps continuent à vivre quand on les met dans l'urine récente, d'où il résulte que cette espèce est d'une nature essentiellement différente des autres animalcules.

On sait que l'étincelle électrique donne la mort à plusieurs animaux, et qu'elle les tue d'autant plus aisément qu'ils sont plus petits.

Il faut une batterie de dix pieds carrés de surface pour tuer un chat ou un petit chien [1]. On tue un

(1) Priestley, *Hist. de l'Electricité*, t. III.

pigeon avec un carreau de quelques pieds; on n'a pas besoin d'un appareil aussi grand pour un chardonneret et un canari; en général, la force de l'électrité nécessaire pour tuer un animal doit diminuer avec la grandeur de l'animal. En conséquence de ce principe, une étincelle électrique qui ne serait pas bien forte devrait suffire pour tuer les animalcules. Je pensais à leur faire subir cette expérience, mais n'ayant pas une machine électrique, je profitai des offres de M. Pierre Moscati, qui était alors mon collègue dans l'Université Royale de Pavie; ce savant était non seulement exercé à faire les expériences électriques, mais il possédait encore une machine excellente. Il eut donc la complaisance de faire éprouver plusieurs fois la commotion à quelques infusions extrêmement remplies d'animalcules, mais ils furent invulnérables et, quoique je les observasse au moment où ils avaient reçu le coup, ils me parurent aussi vifs qu'auparavant; la même chose arrivait, quoique la même infusion reçut plusieurs coups, ou lorsqu'on en tirait plusieurs étincelles. Il ne faut pas croire que les étincelles fussent faibles, puisque deux ou trois de celles-là tuèrent une sangsue, une salamandre et d'autres petits animaux semblables.

J'étais accoutumé de communiquer à M. Bonnet les résultats de mes observations avant de les publier, parce que cet illustre naturaliste m'a paru souhaiter que je lui fisse part de mes petites découvertes. Je lui parlai donc aussi des expériences électriques que M. Moscati avait faites pour moi. M. Bonnet m'apprit, en me répondant, qu'il avait fait voir mes deux lettres à M. de Saussure qui avait répété ces expériences électriques, et qu'il avait eu des résultats opposés aux nôtres; il ajoutait que cette différence de nos résultats était produite par la grande humidité de l'air dans la Lombardie, qui ne permet pas à l'électricité d'y être aussi forte qu'à Genève. Il me promit que M. de Saussure me communiquerait lui-même ses résultats, et il eut bientôt cette complaisance. Je donne ici la copie de sa lettre, telle que M. Bonnet me l'envoya dans la lettre suivante.

« De ma solitude, le 15 février 1772.

» Ce n'est que depuis peu, Monsieur mon célèbre confrère, que M. de Saussure m'a envoyé ses expériences sur nos *animalcules*. Je suis trop sûr du plaisir qu'elles vous feront pour différer à vous les faire parvenir; vous jugerez de ce que j'en ai pensé par ce que vous en penserez vous-même, et je suis bien assuré que vous n'en serez pas moins satisfait que je l'ai été. Voilà un sujet aussi nouveau que curieux, que vous offrirez tous deux aux méditations et aux recherches des physiciens. Sans doute qu'on pourra dans la suite varier et étendre beaucoup ce nouveau genre d'expériences *physiologico-électriques*, mais il fallait toujours commencer par mettre les physiciens sur les voies; et ce n'est jamais un petit mérite que d'ouvrir des sources inconnues de vérités dont l'influence va bien au delà de l'objet direct des expériences. Mais je ne veux pas retarder le plaisir que vous vous faites de lire M. de Saussure. Voici donc la copie de la lettre qu'il vient de m'écrire :

« A Genève, le 8 de février 1772.

» Je vous envoie, Monsieur, avec beaucoup de » remerciements, les deux lettres que vous avez eu » la bonté de me communiquer; je les ai lues l'une » et l'autre avec un extrême plaisir; seulement ai-je » été confus de ce que vous avez envoyé à M. Spal» lanzani la lettre que je vous avais écrite sur » *la transparence des germes*; elle ne méritait » point cet honneur-là, et moins encore l'éloge » flatteur que vous en faites. Et voyez où cela a » conduit cette pauvre petite épitre; comme elle » est insérée dans la vôtre, elle sera publiée avec » elle par M. Spallanzani.

» Je vous l'ai déjà dit, Monsieur, mais je ne » saurais trop vous le répéter, quel extrême plaisir » m'a fait la belle suite d'observations et d'expériences » que M. Spallanzani vous a communiquées. Il est » bien fait pour être votre ami et votre collabo» rateur. Je retrouve chez lui cet ordre, cette » analyse, cette logique féconde et sévère dont vous » avez tâché de donner vous-même l'exemple dans » vos écrits.

» Vous savez que je m'étais aussi mêlé d'observer » les animalcules; vous m'avez même fait l'honneur » de publier à la suite de la seconde édition de *votre* » *Palingénésie* quelques résultats de mes obser» vations. J'ai le plaisir de voir que le peu que » j'avais vu se trouve toujours d'accord avec les » observations de M. Spallanzani [1].

» J'avais essayé, comme lui, de répéter cette » singulière expérience de M. Needham, qui consiste

(1) Lisez cette lettre dans le chapitre IX.

» à insérer des moitiés de grains de blé dans des » tranches de liège pour les faire germer à la surface » de l'eau; je vis comme lui naître dans cette eau » des animalcules comme dans les infusions ordi- » naires; mais je n'aperçus ni ces zoophytes, ni ces » racines végétales accouchant d'animalcules que » M. Needham avait vus, plutôt avec les yeux d'une » imagination échauffée par l'amour d'un système » qu'avec les sens tranquilles d'un philosophe obser- » vateur [1].

» J'avais aussi vu que les petites têtes rondes qui » couronnent les sommités des filaments de la » moisissure se crèvent quand on les humecte, en » éjaculant une poussière globuleuse. J'avais même » communiqué cette observation à M. de Haller, qui » en parle à l'article *Mucor* de la nouvelle édition » de l'*Histoire des Plantes suisses*; mais je n'avais » ni vu ni soupçonné l'étonnante indestructibilité » de cette poussière, que M. Spallanzani regarde, » avec bien de la raison, comme la graine de cette » plante [2]. J'avais enfin essayé, il y a bien long- » temps, de tuer ces animalcules par le moyen de » l'électricité et je les avais vu, comme M. Spal- » lanzani, résister à cette épreuve. Mais j'ai fait » dernièrement sur ce sujet des expériences plus » exactes qui m'ont donné des résultats opposés. » Vous les communiquerez à M. Spallanzani si vous » les en jugez dignes.

» J'ai pris une plaque de verre large d'un pouce » et longue de quatre. J'ai posé sur cette plaque

(1) On parle en détail de cette expérience dans le chapitre VIII.

(2) Voyez mon opuscule *Observations et Expériences sur l'origine des petites plantes de la moisissure.*

» avec la pointe d'une plume arrondie quelques » gouttes d'une infusion de riz remplie d'ani- » malcules, j'ai étendu ces gouttes de façon qu'elles » formassent, d'une extrémité de la glace à l'autre, » une traînée non interrompue de liqueur de la » largeur d'environ deux lignes. Quand je présentais » cette glace, de façon que le fluide électrique passât » continuellement et sans secousse au travers de » cette traînée de liqueur, les animalcules n'en » étaient nullement affectés, ils allaient, venaient » et faisaient tout ce qu'ils font à l'ordinaire. En » général j'ai observé que l'électrisation simple, » j'entends sans secousses et sans étincelles, ne » paraît les affecter en aucune manière. Mais quand » je disposais ma lame de glace de manière qu'une » forte étincelle passât subitement d'un bout de la » glace à l'autre tout au travers de la liqueur, les » animalcules étaient presque tous tués sur le » champ, et le peu qui survivait mourait au bout » d'un petit nombre de moments. Il n'était pas » même nécessaire de se servir pour cela de la » bouteille de Leyde, une étincelle tirée du conduc- » teur sans autre appareil suffisait pour les tuer.

» Je fus curieux de voir ce qui se passait dans le » moment où ils étaient frappés; je disposai pour » cela ma lame de verre de manière que je pouvais » observer au microscope les animalcules dans le » moment où l'on tirait l'étincelle meurtrière. Je » les ai toujours vu être agités d'une violente » secousse; quelques-uns se résolvaient sur le champ » en petits grains, ce qui est, comme vous le » savez, Monsieur, un genre de mort auquel ces

» animalcules sont extrêmement sujets. Les zoophytes, » qui leur ressemblent si fort par la manière de se » multiplier, périssent aussi souvent de cette maladie. » Ceux qui ne s'étaient pas résolus en grains tour- » noyaient encore pendant quelques instants dans » la liqueur, s'arrêtaient ensuite au fond et » mouraient, sans changer de forme, à la place où » ils s'étaient fixés.

» L'étincelle peut encore les tuer, quoiqu'ils » nagent dans un volume d'eau plus considérable. » J'ai rempli d'une eau chargée d'animalcules un » tube de verre de deux lignes de diamètre et de » quatre pouces de longueur, et ils ont tous été tués » quand j'ai eu fait passer au travers de cette eau » cinq ou six fortes étincelles. Mais l'événement n'a » pas été le même quand j'ai pris des tubes de » quatre ou cinq lignes de diamètre; le fluide » électrique dispersé dans un si grand espace n'est » plus assez dense pour déchirer les corps des » animalcules.

» Mais voici un fait qui m'a paru bien singulier. » Vous savez, Monsieur, que souvent les étincelles » que l'on voudrait déterminer à passer au travers » de la substance d'un corps, glissent à sa surface » extérieure plutôt que de le pénétrer, lors même » que ce corps est de sa nature très perméable à » l'électricité; on peut disposer son appareil de » manière à produire infailliblement ce phénomène, » et j'ai souvent disposé un bassin rempli d'eau, » tellement qu'une étincelle parcourait à sa surface » un espace d'un pied de longueur plutôt que de » pénétrer dans la substance de l'eau. J'ai voulu » voir si ces étincelles superficielles affecteraient

» nos animalculee, et j'ai vu avec beaucoup de » surprise qu'elles produisaient sur eux le même » effet que celles qui passent au travers de l'eau » même. J'ai aussi tenu l'œil appliqué au microscope » dans le moment où je faisais tirer ces étincelles » superficielles et j'ai vu, dans le moment où » l'étincelle passait, tous les animaux s'agiter, » quelques-uns se réduire en grains et les autres » mourir au bout de quelques moments. Et ne » croyez pas qu'il puisse y avoir de méprise, que » l'on puisse croire que l'étincelle glisse à la surface, » tandis qu'elle pénètre la liqueur; la différence est » tout à fait sensible, celle qui glisse brille de tout » son éclat tout le long de la surface de l'eau, au » lieu que celle qui pénètre l'eau y passe sans être » vue. Vous direz que peut-être une partie du » fluide électrique passe dans l'intérieur de l'eau, » tandis que le reste passe à l'extérieur; cela peut » être sans doute, mais il semble que si cela était, » ce partage devrait affaiblir l'étincelle, et elle » paraît au contraire plus brillante et plus sonore » que de coutume.

» Mais ces étincelles superficielles n'agissent pas » à une grande profondeur, elles n'ont aucun effet » sur des animalcules nageant dans une eau profonde » de quatre ou cinq lignes; il n'y a qu'un petit » nombre qui soient tués, ceux-là sans doute qui, » au moment du passage de l'étincelle, se trouvent » près de la surface, les autres demeurent sains et » gaillards.

» L'étincelle d'une forte commotion, capable de » fondre un pouce et demi d'un fil de fer d'un

» douzième de ligne de diamètre, n'a pas non plus » agi dans toute cette profondeur.

» Voilà, Monsieur, les résultats des expériences » les plus intéressantes que j'aie faites sur l'appli- » cation de l'électricité aux animalcules; je souhaite » que vous et M. Spallanzani, si vous les lui commu- » niquez, en soyez satisfaits, ou que du moins vous » veuilliez m'indiquer ce qu'il faudrait faire encore. » Je dois vous avertir que j'ai tenté les mêmes » expériences sur les animalcules nés dans des » infusions de blé, de chènevis et de maïs; que les » résultats ont tous été les mêmes, et que les » animalcules que j'ai observés étaient tous de la » première grandeur de ceux que donnent ces » infusions. »

Ces expériences de M. de Saussure étaient aussi bien conçues qu'heureusement exécutées; elles me parurent décisives, et je soupçonnai que quelque chose d'imprévu s'était opposé au succès de celles de M. Moscati; je crus par exemple avec le professeur de Genève que l'humidité de l'air de Pavie en était la cause, et je le crus d'autant plus fermement que nos expériences avaient été faites en hiver. Je pensai donc à les répéter avec M. Moscati dans un temps plus convenable, mais cela me fut impossible, parce que M. Moscati alla s'établir à Milan qui est sa patrie. Deux ans après, ayant acquis une machine électrique beaucoup meilleure, j'eus l'agrément de refaire moi-même ces expériences et d'obtenir des résultats parfaitement semblables à ceux de M. de Saussure. J'exposai d'apord ces animalcules à la décharge d'un carreau du docteur Bevis, je plaçai sur ce carreau un petit disque de poix percé légèrement au centre, je remplis ce trou avec quelques gouttes d'infusion, je tirai de ce trou l'étincelle électrique, et quoique cette petite quantité de liqueur fût peuplée par des milliers d'animalcules, il n'en survécut jamais un seul après le coup électrique. Plusieurs de ces animalcules me parurent malades, déchirés par la seule vapeur du fluide électrique, et plusieurs la supportèrent impunément. Je diminuai la force de l'étincelle en chargeant moins le carreau, mais l'effet produit sur les animalcules fut entièrement le même; j'augmentai la quantité de la liqueur que j'exposai au coup électrique, en tirant sur le disque un sillon droit qui partait du trou central, dont la longueur avait les deux tiers d'un pouce et dont la largeur était de deux lignes; je fis après cela passer l'étincelle au travers de toute la liqueur, elle fut un coup de foudre pour les animalcules, ils y perdirent tous la vie dans le même instant; j'élargis ensuite ce sillon sans augmenter sa longueur, alors les résultats changèrent. Tant que la largeur du canal n'eut que deux lignes fortes, tous les animalcules périrent, mais quand elle fut plus grande, alors, ou ils ne souffrirent point du tout par cette étincelle, ou ils ne périrent que quelque temps après; ceux qui se trouvaient entre les limites de l'espace contenu dans les deux lignes étaient étourdis, ils tournaient comme s'ils avaient été entraînés par un tourbillon; ce mouvement devenait toujours plus faible, enfin au bout d'un quart d'heure ils restaient immobiles; ceux qui n'étaient pas si près de ce lieu redoutable survécurent plus longtemps, les plus éloignés ne périrent point, ils montrèrent même ensuite par leur vivacité et leur mouvement qu'ils n'avaient point été incommodés par le fluide électrique. Si au lieu d'élargir ce sillon de liqueur au delà des deux lignes, je l'allongeais de manière qu'en partant du centre du disque il atteignît la circonférence, ce qui lui donnait environ cinq pouces de longueur, l'étincelle électrique tuait également tous les animalcules répandus dans la longueur de ce sillon rempli d'eau. Telles furent les expériences que je fis avec le carreau du docteur Bevis.

Je vais parler à présent des expériences qui furent faites par le moyen d'une simple étincelle tirée du conducteur. Je me servis pour cela du même disque de poix, que je plaçai sur le conducteur, en tirant l'étincelle du trou central; elle était plus sonore et plus brillante. Je remplis de liqueur ou le seul trou central, ou le petit canal fait sur le disque dont je variai la longueur et la largeur : tous les animalcules renfermés dans la liqueur qui était placée dans le trou central périrent, mais ceux qui étaient dans le petit canal ne perdirent la vie qu'après qu'on en eut tiré trois ou quatre étincelles.

L'expérience apprend qu'il y a plusieurs corps qui sont meilleurs conducteurs que l'eau. Aussi, quand l'électricité était faible, je ne pouvais pas lui faire traverser le petit sillon plein de liqueur dont j'ai parlé, quoiqu'il fût très long et fort étroit, quoique le fluide électrique le pénétrât et qu'il agît sur la liqueur, comme il paraissait par le craquement qu'occasionnait l'approche de l'excitateur; cependant cette petite électricité qui se manifestait par ce bruit était suffisante pour tuer les animalcules.

Cette expérience me fit naître l'idée d'essayer si le fluide électrique qui se dissipe par les pointes attachées aux conducteurs suffirait pour tuer les animalcules; j'appliquai donc une goutte d'infusion à une petite pointe placée sur un conducteur; je trouvai que les animalcules y mouraient, pourvu que je fisse sortir pendant quelque temps le fluide électrique par cette pointe.

Enfin j'observai, dans plusieurs expériences répétées, que la plus faible étincelle était toujours fatale à ce genre d'animalcules; la seule électricité simple, celle qui agit en silence, ne produisit sur eux aucun effet, comme M. de Saussure l'avait observé, mais pour ce qui regarde la qualité des animalcules, je puis assurer qu'il n'y a aucune de leurs espèces sur lesquelles je n'aie fait des expériences semblables, quoique leur nombre et leur variété soit prodigieuse; mais je puis dire avec franchise que l'électricité leur a été également mortelle.

L'accord parfait de mes expériences avec celles de M. de Saussure m'engageait à les publier, mais l'amitié que j'ai depuis longtemps pour M. Moscati me faisait un devoir de lui demander avant s'il avait répété ces expériences, comme il me l'avait promis lorsque je lui communiquai la lettre du naturaliste genevois. La réponse qu'il m'a faite, et que je publie avec son approbation, prouve non seulement qu'il tient sa parole, mais encore qu'il a eu des résultats nouveaux et qui servent beaucoup à la cause qu'ils appuient.

« Vous me demandez dans votre dernière lettre, si j'ai tenté de nouveau ces expériences que nous avons faites ensemble il y a quelques années sur les animalcules en les électrisant avec la bouteille de Leyde ; ils résistèrent alors à son action et n'en souffrirent aucun mal. Je répondrai à cette question que j'ai souvent refait ces expériences avec des résultats différents et même contraires ; j'ai découvert que cela ne venait pas de la faiblesse de ma machine électrique, puisqu'il n'est pas nécessaire pour les tuer que l'électricité soit fulminante, mais que cela était uniquement produit par les différentes méthodes dont je me servais pour répéter ces expériences. Quand nous avons fait d'abord ces expériences, nous avons mis les animalcules et la liqueur qui les contenait dans une petite tasse de laiton ; c'était vers son centre que nous cherchions à décharger la bouteille par le moyen du conducteur, auquel cette petite tasse était attachée : il nous fut impossible de tuer alors aucun animalcule. Je ne fus pas plus heureux, lorsque je répétai seul cette expérience dans les temps les plus favorables. Mais comme vous m'aviez appris que M. de Saussure, dont je connais le mérite et dont j'estime l'habileté dans l'art d'observer, comme je savais que ce physicien les avait vu mourir, et comme d'un autre côté il m'avait paru que la forte étincelle, au lieu de sortir de la liqueur, s'échappait de sa surface et des côtés du vase, je commençai alors de soupçonner que cette étincelle, au lieu de passer au travers de la liqueur et de frapper ainsi les animalcules, passait directement de la tasse métallique au conducteur qui était fait avec du métal, et qu'elle effleurait tout au plus la surface de la même liqueur. Je pensai donc à suivre une route nouvelle, et voici celle que je pris : sur une bande de cristal poli et bien essuyé je mis un morceau de cire dans lequel je fis un petit creux; j'attachai tout près de lui, à la surface dans deux places opposées, deux fils de laiton, dont les pointes étaient obtuses, l'une d'elles communiquait par derrière avec la surface intérieure, et l'autre avec la surface extérieure d'une petite bouteille de Leyde; je mis cet appareil sous un très bon microscope composé de Guff, que son Excellence M. le comte de Firmian m'a donné; je mis la liqueur pleine d'animalcules en vie dans ce petit creux. Pendant qu'on tournait le disque électrisateur, j'avais l'œil sur le microscope et je chargeai la bouteille : je réussis avec cet appareil à tuer différents animalcules, c'est-à-dire ceux qui reçurent immédiatement le coup électrique, ou qui se trouvèrent près des lieux où il passa, mais ceux qui étaient au fond du petit creux conservèrent la vie; je me rappelle surtout d'avoir remarqué que les animalcules tués par l'étincelle électrique avaient pris une surface hérissée semblable à celle d'une pierre ponce vue au microscope, elle était plus opaque que celle des autres; ces inégalités produites par l'électricité les faisaient paraître plus gros après leur mort que pendant leur vie. Je fus aussi convaincu du succès de mon expérience, et comme je me suis occupé d'autres objets, je n'ai plus repensé à celui-ci. Excusez, Monsieur, la brièveté de mon récit et l'aridité de mon expérience; elles ne sont point le fruit de mon indifférence pour ces études qui me plaisent, mais de l'obligation où je suis de m'occuper de choses qui me font moins de plaisir.

» J'ai l'honneur d'être avec l'estime et l'amitié la plus réfléchie.

» Milan, le 6 janvier 1774. »

Il me reste encore à parler des animalcules enfermés dans le vide pour finir d'examiner ce que je m'étais proposé dans ce chapitre. J'observerai d'abord que la différence dans les espèces d'animalcules sur lesquels on fait des expériences, produit des différences dans les résultats. Il y en a qui périssent dans le vide au bout d'un temps très court, et d'autres seulement au bout d'un temps très long. Entrons dans les détails.

J'ai rempli avec des infusions différentes quelques petits tubes de verre fermés par un bout et ouverts par l'autre; le verre était assez mince et les tubes assez petits pour voir distinctement avec une lentille les animalcules qui y étaient; plaçant donc ces tubes sous le récipient d'une machine pneumatique, je pouvais observer ce qui arrivait à ces animalcules sans les ôter du vide. Afin de faire les comparaisons nécessaires, je tenais à l'air libre des tubes semblables remplis dans le même temps avec les mêmes infusions; ils furent privés d'air pendant seize jours, sans que cela leur fît aucun mal. Ils commencèrent de mourir au vingtième jour, et au vingt-quatrième ils étaient tous péris. On pourrait dire qu'ils étaient arrivés au terme naturel de leur vie, si tous les animalcules des tubes tenus en plein air n'avaient pas alors conservé la vie.

Je répétai ces expériences sur d'autres infusions faites avec des graines différentes; il y en eut dont les animalcules conservèrent la vie dans le vide pendant un mois et même pendant trente-cinq jours, mais il y eut des animalcules d'autres infusions qui périrent, les uns au bout de quatorze jours, d'autres au bout de onze et même de huit jours; il y en eut même encore qui ne vécurent ainsi que pendant un temps plus petit que deux jours. Les infusions dont je parle dans ma Dissertation sont de ce nombre, leurs animalcules y périrent au bout de deux jours [1].

La nature de certains animaux est véritablement étonnante; ils peuvent exercer dans le vide les fonctions animales qu'ils exercent dans l'air libre. Ainsi les vipères, les couleuvres continuent à y ramper, les sangsues y nagent, quelques insectes y mangent, d'autres même s'y accouplent: telle est aussi la nature des animalcules; quoiqu'ils soient dans le vide ils y font toutes leurs courses, on les voit monter et descendre dans la liqueur, quelquefois ils s'élancent à sa surface, quelquefois ils s'enfoncent dans ses profondeurs, ils vont au-devant des petits corps flottants dont ils se nourrissent, etc. Je parlerai dans la suite plus au long de la manière singulière dont les animalcules se multiplient [2]; je

(1) Chap. X.
(2) Chap. IX et X.

dirai seulement ici que leur multiplication s'opère encore pendant quelques jours dans le vide; ensuite, au bout d'un temps plus ou moins long, et suivant que l'espèce des animalcules mis en expérience est plus ou moins propre à supporter le vide, leurs mouvements se ralentissent et finissent avec la vie de l'animal; il arrive même quelquefois, mais rarement, que les animalcules tirés de la machine pneumatique et laissés à l'air pendant quelque temps y reprennent la vie.

Dans la Dissertation que j'ai citée, je parle de la stérilité des infusions mises dans le vide et de leur suffisante fécondité, quand, au lieu de les placer dans le vide, je me contentai de raréfier l'air contenu dans les récipients. Mes dernières expériences confirment ces deux résultats. Quelle qu'ait été la substance végétale ou animale que j'aie fait macérer dans le vide, je n'en ai trouvé aucune qui produisît le moindre animalcule; le contraire m'est constamment arrivé, lorsque j'ai laissé dans le récipient une quantité suffisante d'air pour tenir en équilibre treize pouces de mercure; il y en a eu alors convenablement pour leur permettre de naître (1).

J'ai observé les mêmes phénomènes relativement aux œufs des animaux; j'ai mis plusieurs fois sous le récipient de la machine pneumatique des œufs

(1) M. Needham m'objectait cependant que les animalcules n'avaient point paru dans mes infusions scellées hermétiquement et bouillies pendant une heure, parce que la violence du feu avait diminué l'élasticité de l'air renfermé dans les vases (chap. I). J'ai déjà montré que cette diminution d'élasticité était imaginaire (chap. III); mais le fait présent prouve que quand elle aurait lieu, elle ne pourrait s'opposer à la naissance de nos animalcules. Ce qui démontre qu'on s'égare d'autant plus en physique, qu'on cherche plus à deviner la nature qu'à l'interroger.

d'insectes et aquatiques, mais jamais aucun d'eux n'a pu éclore, quoiqu'ils eussent d'ailleurs toutes les autres conditions nécessaires pour se développer.

On déduit le besoin de l'air qu'ont tous les êtres vivants pour se développer et pour vivre, quand on réfléchit à ces faits combinés avec d'autres expériences analogues qui ont été exécutées dans le vide. L'animal concentré dans l'œuf jouit de l'influence bienfaisante de l'air par une multitude de petits pores, dont l'œuf est percé, et dont le naturaliste a su, par son adresse, se procurer le spectacle; quoique l'animal soit ensuite délivré de l'œuf ou des autres enveloppes qui lui servaient de prison et où il était caché dans le sein de sa mère, il reçoit l'air par des ouvertures plus grandes et plus sensibles. Outre une foule d'animaux qui respirent l'air par la bouche, il y en a beaucoup qui le reçoivent par des ouvertures placées dans les deux côtés de leur corps, ou par l'extrémité du ventre ou par d'autres parties; mais il pénètre ainsi dans tous par le moyen de plusieurs petits canaux qui ont leurs ouvertures à la circonférence du corps, et qui arrivent par leurs ramifications jusqu'aux parties les plus profondes. Nos animalcules, malgré leur simplicité apparente, laissent apercevoir un organe qu'on est forcé de soupçonner l'organe de la respiration [1]. Des animalcules organisés de cette manière ont plus besoin de l'air que les autres, on en est bientôt convaincu lorsqu'on le leur ôte. Il y a aussi des animalcules qui périssent au moment où ils sont privés d'air, et il y en d'autres à qui

(1) Chap. XII.

la nature et le tempérament rendent cette privation supportable pendant un temps plus ou moins long. Un moineau, un rossignol, un pinson, et en général les autres oiseaux périssent très vite dans le vide. Un lézard, une grenouille, les reptiles y vivent quelque temps, les insectes le supportent plus longtemps encore. Toutes les différentes espèces d'animalcules ne le supportent pas également, comme nous l'avons vu; les uns résistent mieux, les autres moins, mais cette dernière espèce d'animalcules semble être celle, de tous les animaux sur lesquels on a fait des expériences, qui vit le plus longtemps sans air; il n'y en a aucune qui soutienne cette privation au delà d'un mois, mais quoiqu'ils y résistent aussi longtemps, ils y succombent pourtant et meurent à la fin. On ne peut en douter, puisque des animalcules de la même espèce ont vécu à l'air libre pendant plus de deux mois, ce qui fournit une nouvelle confirmation de la règle générale qui établit la nécessité de l'usage de l'air pour toutes les espèces d'êtres vivants. Je sais bien qu'on cite plusieurs exemples de divers animaux qu'on dit avoir vécu sans jouir de cet élément; telles sont les histoires de quelques grenouilles trouvées vivantes dans le milieu des corps les plus durs, celles de quelques crapauds vivants découverts dans le centre de grosses pierres ou d'arbres sains, sans que le plus petit filet d'air pût s'insinuer dans leurs retraites; mais ces histoires sont plus l'objet de l'admiration que de la foi de ceux qui ont fait quelques progrès dans la philosophie expérimentale; il faudrait qu'elles fussent munies de cette autorité qui est si nécessaire dans un cas aussi étrange et aussi paradoxal, puisqu'on y parle d'animaux faits pour respirer et qui ont un poumon destiné à cet usage. Aussi, jusqu'à ce qu'on apporte des faits mieux prouvés, nous nous croyons fondés à assurer qu'il n'y a dans la Nature aucun être vivant connu, qui puisse vivre sans jouir des avantages que l'air lui offre.

CHAPITRE VIII

I. Nouvel examen des arguments de M. de Needham sur l'origine des animalcules. — II. Deux moyens propres à faire voir, suivant les idées de M. de Needham, la métamorphose des substances végétales en animalcules. — III. Ces deux moyens employés par l'Auteur et trouvés insuffisants pour cette métamorphose. — IV. Equivoque de M. de Needham et son origine. — V. Insuffisance des autres arguments pour prouver cette métamorphose.

La partie de l'Histoire naturelle des animaux qui est relative à leur génération et à leur multiplication, a toujours été regardée comme une des plus importantes, des plus essentielles et des plus propres à jeter du jour sur l'économie animale; elle est aussi devenue d'autant plus digne de la curiosité des savants et des recherches des physiciens, qu'elle offre une foule de phénomènes plus étonnants et plus éloignés de la marche ordinaire de la Nature. La génération du polype, celle du puceron, du limaçon, des vers luisants, et de quelques autres animaux que l'adresse des naturalistes a fait connaître, sont des raisons très fortes pour établir la nécessité de cette étude. Cependant les observations de M. de Needham sur la génération des animalcules offrent des phénomènes bien plus étonnants encore. Les animaux dans leurs manières les plus étonnantes de se féconder et de se reproduire, tirent cependant toujours leur origine d'un autre animal; mais suivant ce naturaliste, les animalcules la tireraient d'un végétal, de manière qu'on pourrait dire, dans le sens le plus étroit et le plus philosophique, qu'un végétal se change en un animal dans leur génération.

J'ai déjà parlé, dans ma Dissertation, de cette surprenante métamorphose, je l'ai cherchée avec le plus grand soin dans les faits ; mais j'avoue que je n'ai jamais pu en trouver des preuves, c'est ce qui m'a engagé à la combattre. M. de Needham, moins frappé par la force de mes expériences opposées aux siennes, que séduit par sa prévention pour les métamorphoses, a continué d'en parler dans ses *Notes*, comme d'une vérité incontestable, et afin que son lecteur ne fût pas embarrassé à les voir comme lui, il lui fournit les deux moyens suivants, qu'il avait déjà indiqués dans son premier livre.

« Si l'on prend une certaine quantité de froment » pilé un peu grossièrement et qu'on le mette à » infuser dans de l'eau claire au temps des chaleurs » de l'été ou même en tout temps, si on a soin de » lui conserver le degré de chaleur nécessaire, on » trouve après plusieurs jours que la masse produit » des filaments vitaux en très grande abondance, et » même toute cette partie de la farine qui est géla- » tineuse n'est qu'un composé de filaments qui est » tout vital. Or, en observant de près ces filaments, » on voit non seulement qu'ils sont animés d'un » esprit expansif intérieur, mais on remarque qu'ils » se gonflent, qu'ils s'étendent, qu'ils ont un mou- » vement progressif par accès et comme indéter- » miné, qu'enfin ils se partagent continuellement en » petites parties après avoir paru en forme de

» chapelets. Ces petites parties, ainsi détachées et » plus exaltées par la force végétatrice qui les » purifie continuellement et les sépare de la » matière brute, deviennent ce qu'on appelle des » *Animalcules microscopiques.* » P. 198, 199.

Le second moyen proposé par M. de Needham est celui-ci. « Après avoir ôté le germe qui se trouve » au gros bout du grain de froment, je le fais passer » par le petit bout à travers une tranche de liège » très mince, de façon que les deux tiers du grain » baignent dans l'eau, tandis que le liège surnage » dans mes vases. Par ce moyen, la surface inté- » rieure en se décomposant a toute la facilité de » pousser par en bas les plantes vitales ou zoophytes » qu'elle produit, et ces plantes se trouvent ainsi » dégagées de toute autre végétation étrangère » qui ne peut servir qu'à cacher le jeu de la Nature. » Quand les plantes sont un peu avancées, on coupe » toute cette partie de la graine qui trempe dans » l'eau et on la pose aves ses productions sur la » base dans un cristal de montre, où l'on a mis une » nouvelle eau toute claire et même distillée, si on » veut, pour plus grande précaution. Si M. Spal- » lanzani avait vu comme moi ces graines disposées » de la façon que je viens vous décrire et dégagées » de toute autre matière étrangère, s'il avait pu » remarquer que la tête de chaque plante qui se » gonfle insensiblement est remplie au commence- » ment d'une liqueur limpide, que sa transparence » diminue peu à peu et produit ensuite des globules » en forme de semences, sans vie en apparence, qui » se forment sous les yeux de l'observateur; enfin si,

» pour le dénouement de ce spectacle, il avait
» observé que ces mêmes globules, qui sortent en
» foule après avoir rompu leur matrice, sont vrai-
» ment animés et courent çà et là avec tous les
» caractères des êtres organiques ordinaires du
» microscope, qu'on appelle communément ani-
» maux, je suis persuadé que sa bonne foi et sa
» sagacité m'auraient sauvé de l'espèce de reproche
» qu'il semble me faire à la fin de ce chapitre. »
P. 185, 186.

M. de Needham ayant parlé, comme je l'ai dit, dans son premier ouvrage de ces deux moyens, je ne manquais pas de m'en servir pour les expériences dont je rends compte dans ma Dissertation. Je ne dirai pas que j'en ai fait usage précisément comme il les décrit, mais au moins avec des méthodes équivalentes ; cependant, comme mes résultats ont été très différents des siens, comme il attribue cette différence à ma méthode d'observer qui n'était pas précisément celle qu'il m'avait prescrite, et comme il m'invite dans ses *Notes* à refaire ces expériences en employant scrupuleusement ses moyens, et en m'assurant que je verrai alors tout ce qu'il a vu, la singularité de ces phénomènes et l'assurance de les observer en suivant sa méthode m'engagèrent à reprendre l'examen des mêmes objets.

Ayant donc médiocrement pilé des grains semblables de blé, j'en mis une pincée dans un cristal de montre avec une quantité suffisante d'eau distillée; je fis cette préparation le 23 juin, et le 24, je n'aperçus que quelques animalcules très petits. Au 25, les animalcules furent moins rares, il en parut aussi plusieurs de ceux qui sont les plus grands; mais les fragments du blé conservèrent leur premier état, seulement la substance farineuse commençait à se séparer de cette partie où le grain avait été rompu; le 26, cette séparation fut plus grande encore, les particules du blé répandues dans l'infusion l'avaient troublée, elle se troubla toujours plus, le nombre des animalcules y augmenta de même; de sorte qu'au bout de quelques jours, je ne sais pas si la liqueur était plus remplie par les animalcules que par la substance farineuse qui s'était entièrement dissoute et par les grains de blé qui étaient absolument défaits, mais je ne découvris pas autre chose dans cette première expérience.

La seconde expérience que je fis de la même manière au mois de juillet m'offrit quelque chose de plus. Le quatrième jour après la préparation de l'expérience, je vis un principe de filaments subtils et diaphanes qui se formèrent autour de quatre petits morceaux de blé, les extrémités de trois morceaux étaient pointues, celles du quatrième étaient arrondies; au cinquième jour, ces filaments s'étaient allongés, ils représentaient des plantes en miniature; au sixième et septième, ils formèrent une petite forêt entrelacée de tiges, de branches et de rameaux; après les avoir vus, revus et considérés très attentivement, je les trouvai toujours semblables à des plantes. Ils ressemblaient à ces petites plantes de moisissure dont une partie est terminée par des têtes, tandis que d'autres en manquent [1].

(1) Pour qu'on puisse mieux saisir ces fragments de blé pilé avec leurs productions végétales, je les ai fait représenter un peu plus grands que dans leur état naturel, tels qu'ils paraissent sous une lentille qui n'est pas forte; j'ai fait la même chose pour les fragments du blé et leur végétation, qui sont dépeints dans la seconde figure.

Cette expérience semblait s'accorder avec celle que rapporte M. de Needham lorsqu'il parle de la naissance des filaments vitaux, ou bien des plantes microscopiques qui paraissent autour des fragments du blé. J'étais donc curieux de savoir si l'expérience s'accorderait aussi avec le reste, c'est-à-dire si ces plantes s'animeraient en se gonflant et en s'étendant comme il le croit, si elles se partageraient ensuite en parties plus petites qui deviendraient autant d'animalcules. On peut croire que j'apportais à cette expérience la plus grande attention ; mais quoique les fragments du blé pilé me fussent très favorables pour répéter la première partie de l'expérience de M. de Needham, ils ne purent jamais me faire voir les phénomènes de la seconde. Les plantes dont j'ai parlé ne donnèrent jamais le moindre signe d'un mouvement qu'on puisse appeler interne ou propre ; seulement, lorsque le fluide où elles étaient recevait quelque mouvement, elles se mouvaient avec lui, mais c'était d'un mouvement commun, comme des plantes aquatiques se meuvent dans un canal dont l'eau est courante. Aussi la commotion des plantes cessait avec celle du fluide; je n'avais donc aucune preuve qu'elles se fussent animées, ou qu'elles fussent passées de l'état végétal à celui d'animal, comme s'exprime M. de Needham; je n'eus pas de succès meilleur pendant les jours suivants. Les plantes, au lieu de continuer à végéter, se séparèrent des grains infusés, à demi-détruits, elles se précipitèrent au fond du cristal et s'y réduisirent insensiblement à rien. Il leur arriva précisément ce qu'on voit arriver aux petites plantes qui forment les moisissures, quand elles ont acquis ce degré d'accroissement qui leur est fixé par la Nature. La naissance des animalcules précéda celle des plantes, et lorsque celles-ci furent péries les animalcules continuèrent à être fort abondants.

Je ne devais pas regarder ces deux expériences comme suffisantes, aussi j'en fis trois autres dont voici les résultats. Je vis non seulement dans un cristal de montre plusieurs animalcules se multiplier, mais j'aperçus encore les filaments végétaux dont j'ai parlé autour de sept petits grains de blé pilé. Plusieurs animalcules allaient, venaient, passaient et repassaient au travers et au dehors de ces filaments, ce qui les secouait quelquefois et les faisait osciller dans l'eau, mais ces mouvements n'avaient rien de commun avec un mouvement interne d'animalité que M. de Needham leur donne; au bout de sept jours, ces filaments se décomposèrent et on n'en vit bientôt plus que quelques petits morceaux au fond du cristal. Les autres expériences fourmillèrent d'animalcules, mais il n'y en eut aucune qui poussât le plus petit filet végétal.

Un très grand nombre d'autres expériences semblables que je fis encore ne m'instruisirent pas davantage; j'ai bien vu que ces petites plantes microscopiques croissaient pour l'ordinaire autour des grains, mais je ne les ai jamais vu se gonfler, se mouvoir, et encore moins se métamorphoser en animalcules. Semblables aux plantes communes, je les ai observé croître, cesser de croître, se décomposer et se réduire enfin en petits morceaux qui échappaient peu à peu à la vue. Je ne me suis pas contenté de faire ces expériences en courant, de visiter ces plantes microscopiques seulement une fois par jour, mais j'ai assisté avec une assiduité infatigable à leur naissance, à leur accroissement et à leur déperissement jusqu'à leur destruction totale; de sorte que s'il leur était arrivé quelqu'une de ces fameuses métamorphoses, il serait moralement impossible que je ne m'en fusse pas aperçu.

Notre Auteur ne désigne point l'espèce de blé dont l'infusion a fourni des plantes qui se sont animalisées; j'ai employé d'abord celui de mars qu'on appelle le *barbu*, j'ai varié les espèces, j'ai employé le blé de mars qui n'est pas barbu, mais les résultats ont toujours été les mêmes, et les autres espèces sur lesquelles j'ai fait des expériences m'ont fait voir les mêmes phénomènes.

M. de Needham exige pour ces expériences que le blé soit *médiocrement* pilé; j'ai observé fidèlement cet avis, mais l'inutilité de mes efforts me faisant craindre de n'avoir pas bien exécuté ces idées, j'ai varié l'observation en employant des grains plus ou moins pilés; j'ai même voulu me servir de plusieurs espèces d'eau, j'ai non seulement employé l'eau de fontaine distillée, mais encore celle de neige, de glace et de pluie, sans avoir plus de succès.

Je ne pourrai pas compter le nombre de fois que j'ai répété ces expériences pendant cet été; je les ai refaites encore en automne et en hiver. Dans les jours froids, je me suis servi de la chaleur d'une étuve; aussi j'ai vu végéter ces plantes des infusions de blé dans les temps les plus rigoureux, mais je n'ai jamais pu apercevoir la partie intéressante de l'expérience de notre philosophe : ces plantes restèrent toujours dans l'état de plantes, et il ne me fut jamais possible de voir leurs gonflements, leurs mouvements expansifs, ni aucun autre qui pût faire soupçonner un principe d'animalité naissante.

On sait que le microscope solaire agrandit prodigieusement les objets; un poù, une puce, y paraissent sous le volume d'un cheval ou d'un bœuf, de même les plus petits mouvements des objets qu'on y observe deviennent considérables, et ceux qui échapperaient par leur petitesse aux *Microscopes composés*, même à ceux de Leuwenhoek deviennent très sensibles avec le microscope solaire; j'en ai eu des preuves évidentes en observant les viscères des animaux les plus petits : j'ai donc cru nécessaire d'observer encore ces petites plantes avec cet instrument ; elles furent tellement agrandies qu'elles représentaient des arbres dont la grosseur des branches égalait celle du bras. Cette nouvelle observation m'a persuadé plus fortement encore que ces plantes étaient de vrais végétaux; la partie la plus grosse de chacun de leurs troncs était toujours fortement enracinée dans le blé, comme la glu est étroitement adhérente aux chênes. Je ne crois point me tromper en disant que ces plantes sont des plantes parasites qui vivent, en tout ou en partie, aux dépens du blé. Dans cette dernière expérience, je n'ai pas aperçu le moindre indice de mouvement propre ou interne dans ces plantes, quoique je ne me sois point lassé de les examiner depuis leur naissance jusqu'à leur entière destruction.

La constance de la Nature à me montrer des effets différents de ceux que M. de Needham a observés, me força d'abandonner ce premier moyen qu'il indiquait, et d'employer le second pour voir s'il ne me serait pas possible de découvrir avec celui-ci, ce que j'avais inutilement cherché avec l'autre. Après avoir donc ôté le germe à plusieurs grains de froment, je plantai chacun de ces petits grains par sa partie la plus aiguë dans un morceau de liège, j'obligeai ce grain à déborder de la longueur des deux tiers du grain la petite tranche de ce liège ; par ce moyen, ces deux tiers du grain étaient plongés dans l'eau comme M. de Needham l'exige. Je plaçai donc 30 grains et 30 tranches de liège dans plusieurs cristaux de montre; je vis naître des animalcules dans tous, mais il n'y eut que 19 grains qui produisirent de petites plantes. J'observai ces plantes, non seulement sur la partie du grain plongée dans l'eau, mais encore dans celle qui en sortait et qui était à l'air. Les plantes qui poussèrent sous l'eau et à l'air étaient de la même espèce, parfaitement semblables à celles du blé pilé; elles avaient comme celles-là des parties rameuses terminées en pointes, et d'autres sans branches avec une petite tête à leurs sommités. Ce végétal me parut évidemment une espèce de moisissure qui croissait aussi bien dans l'eau que dans l'air. Faut-il l'appeler *Amphibie* à cause de ses rapports avec les animaux qui vivent également bien dans l'air et dans l'eau ?

Suivant les préceptes de M. de Needham, je coupai toute la portion de ces 19 grains qui plongeaient dans l'eau et je les plaçai ensuite avec leurs petites plantes dans 19 cristaux de montre où j'avais mis de l'eau distillée, mais malgré mon attention et mon assiduité à les observer, je ne pus jamais découvrir les phénomènes dont parle notre Auteur. Ces plantes étaient transparentes, elles renfermaient une humeur limpide ; M. de Needham avait observé ces deux effets, mais je ne vis dans ces végétaux ni gonflement, ni mouvement, ni aucun autre indice de vie. Ils continuèrent à croître pendant quelques jours, puis ils se séparèrent, ensuite ils se réduisirent en petits fragments inertes et sans vie; enfin, il leur arriva précisément ce que j'ai vu arriver à ces végétaux qui étaient nés dans la partie supérieure du grain, c'est-à-dire dans celle qui était hors de l'eau : ils se gâtèrent et se réduisirent en miettes ; il est vrai que les animalcules se multiplièrent dans les cristaux, mais il fut impossible d'imaginer qu'ils eussent été produits par les plantes, ou que les plantes se fussent métamorphosées en animalcules.

Je répétai ces expériences de la même manière sur 14 grains de blé, mais il n'y en eut que 4 qui produisirent des plantes dans la partie sous l'eau, et il y en eut 11 qui donnèrent des plantes aériennes. Je fis l'opération de la taille sur les grains qui avaient fourni les plantes dans la partie qui était sous l'eau, je transportai les grains coupés dans deux cristaux où il y avait de l'eau distillée; mais pour le dire en un mot, je ne vis que la répétition de ce que j'avais déjà observé dans les 19 premiers cristaux, et même je n'aperçus des animalcules que dans un seul cristal. Les résultats ont toujours été invariablement les mêmes, quoique j'ai refait ces expériences un très grand nombre de fois dans toutes les saisons avec plusieurs espèces de blé; j'ai suivi pour ces répétitions la méthode que je m'étais proposée dans celles du blé pilé. Je n'en donne pas le détail pour ne pas plonger le lecteur dans le plus profond ennui.

M. de Needham a cru qu'il était nécessaire d'ôter le germe des grains afin qu'ils produisissent plus sûrement les petites plantes; je me suis soigneusement attaché à suivre ce procédé, et si je n'ai pas eu toujours le plaisir de voir pousser ces petites plantes, je l'ai eu plusieurs fois et je les ai même vu croître avec vigueur; mais je dois ajouter que j'ai vu ces mêmes plantes pousser aussi souvent et aussi belles, quoique j'eusse laissé le germe aux grains qui les portaient. Outre cela, le blé n'est pas le seul grain qui les produise, le mil, le riz, les pois, les fèves, les haricots, le maïs, la vesce, l'épautre et autres semblables en fournissent de même plus ou moins, lorsqu'on met leurs grains dans quelque chose d'humide, mais il est indifférent que ces grains soient pilés ou entiers. Cette curieuse végétation s'étend encore beaucoup au delà de ce que j'avais cru [1]. M. Wrisberg, professeur à Göttingue, montre dans une Dissertation sur les animalcules qu'il naît aussi des plantes sur les substances animales. Ayant laissé dans l'eau quelques mouches mortes, il s'aperçut au bout de quelque temps qu'il sortait de leur corps une forêt de plantes. J'ai trouvé ce fait entièrement vrai, et j'ai remarqué cette particularité, c'est que les ailes sont absolument exemptes de cette végétation, probable-

(1) *Observationum de Animalculis infusoriis Satura*, Gottingæ, 1765.

ment parce qu'elles sont naturellement très sèches. Les vers, les plus prêts à se corrompre, en sont tellement couverts qu'ils ressemblent à des chenilles couvertes de poils très longs.

J'ai voulu comparer les petites plantes qui croissent sur les graines avec celles qui naissent sur les substances animales, et je n'y ai trouvé aucune différence essentielle. Les plantes nées sur les animaux ont pour l'ordinaire un corps plus gros et plus long, elles s'élèvent quelquefois jusqu'à la hauteur d'un tiers de pouce, elles sont également amphibies, elles naissent sur la partie qui est hors de l'eau comme sur celle qui est plongée dans l'eau. J'ai répété les expériences de M. de Needham sur ces petites plantes que j'ai appelées animales, car je disais : il est possible que comme elles doivent leur vie à des animaux, elles soient aussi plus propres à en produire ; mais ces expériences ont également trompé mon attente, jamais il n'est sorti aucun animal de ces plantes et jamais aucune d'elles ne s'est changée en animal.

Après cette longue suite d'expériences entreprises pour observer la métamorphose des plantes en animaux, que faut-il penser de cette métamorphose promise par M. de Needham avec tant de confiance ? Dois-je soupçonner qu'il s'est trompé par hasard ? Rejetterai-je la faute sur moi, ou du moins sur mon malheur qui m'a privé d'un spectacle aussi intéressant ? Je n'oserais peut-être pas prononcer, si je ne voyais pas tous les naturalistes qui se sont occupés de ce problème s'accorder avec moi. J'ai déjà parlé d'une lettre de M. de Saussure [1] où cet

(1) Part. I, chap. VII.

illustre physicien déclare que cette métamorphose est uniquement le produit d'une imagination faussement créatrice. M. Ellis, de la Société Royale de Londres, et M. Wrisberg, professeur à Göttingue [1], ont protesté, après un examen approfondi, qu'ils n'ont rien vu de semblable dans leurs expériences; la même chose est arrivée à M. l'abbé Corti, professeur à Reggio, ce savant si connu dans le monde littéraire par ses belles découvertes; cependant, ce naturaliste célèbre a étudié avec soin les animalcules. Après ces témoignages respectables, auxquels je joins en tremblant mes expériences, il ne paraît pas croyable que les idées de notre Auteur soient fondées; je n'oserai pourtant pas encore les regarder comme une chimère de son esprit, la bonne foi qu'on doit supposer à un philosophe qui observe la Nature et qui soumet ses observations au jugement du public m'interdit cette imputation, je croirai plutôt que quelque apparence, ou quelque illusion d'optique, l'ont innocemment induit en erreur. Voici un fait qui justifie cette idée. J'ai parlé au commencement de ce chapitre d'une espèce d'animalcules ayant un long fil dans leur partie postérieure, qu'ils tirent après eux dans leur course, et par lequel ils restent souvent attachés aux débris des végétaux infusés. Cette espèce, comme nous le verrons, se multiplie par une division naturelle; elle a un mouvement de gonflement et de dégonflement qui semblerait périodique. On trouve ces animalcules dans les cristaux où sont les petites plantes, ils s'attachent à ces plantes avec leurs longs fils, ils ne cessent alors de se gonfler et de se

(1) *Trans. Philos.*

dégonfler alternativement, ils s'y divisent en plusieurs parties et ils s'enfuient après cette division dans d'autres endroits du fluide. J'ai déjà montré que quelques-unes de ces petites plantes ont des branches qui finissent en pointes, tandis que d'autres ne sont absolument point rameuses et sont terminées par un petit bouton ou une petite tête : il n'est pas dangereux de prendre les premières pour ces animalcules à fils, leurs proportions sont trop différentes, mais il n'en est pas de même des secondes. Quand on n'aurait pas suivi l'origine, les progrès et la fin de ces plantes, et quand on n'aurait pas vu en même temps ces animalcules errant dans le fluide et enveloppés dans ces plantes, on les aurait facilement confondus avec elles, surtout si l'on emploie une lentille qui ne soit pas bien forte, car leur ressemblance est très grande, soit qu'on considère leurs petits corps, dont la grosseur et la transparence approchent si fort des têtes arrondies de ces plantes, soit qu'on observe leurs longueurs ou ces fils qu'ils traînent après eux et qui ont de si grands rapports avec les tiges. Si l'on est prévenu en faveur de cette idée, tous ces jeux de gonflements et de dégonflements, ces divisions en plusieurs parties, ces allées et ces venues qui sont les attributs de l'animalité appartiendront alors à ces plantes. Quand on interroge la Nature avec des préjugés pour une hypothèse chérie, on aperçoit cette hypothèse dans tous les phénomènes et dans toutes les expériences; le siècle passé a donné plusieurs exemples de ce défaut si nuisible à la vraie philosophie, et celui-ci n'en est pas exempt.

On voit au commencement de l'ouvrage de M. de Needham les singularités dans lesquelles ses préjugés pour sa chimérique force végétale l'ont jeté; il s'était imaginé que cette qualité incompréhensible présidait à toute l'économie du Monde, qu'elle modelait les êtres organisés, réparait leurs membres perdus, changeait les animaux en plantes et les plantes en animaux; il a cru devoir donner ainsi une ébauche de ses chimères, ou plutôt de ses rêves. Plein de ces idées absurdes, notre bon philosophe s'occupe par hasard du phénomène des petites plantes à bouton auxquelles les animalcules à queue sont attachés; il voit au dedans de ces plantes des mouvements de gonflement et de dégonflement, les divisions de ces corpuscules, leurs allées et leurs venues, etc. Dès lors, frappé par la ressemblance de ces plantes avec les animalcules à queue, déterterminé par son amour excessif pour son système, il décide, sans faire d'autres expériences, que ces plantes se transforment en animaux. Cependant, s'il avait observé attentivement ce végétal microscopique, s'il avait suivi ses accroissements, ses décroissements, sans perdre de vue les animalcules à queue, leurs allures, leurs vicissitudes, surtout s'il avait oublié son hypothèse favorite, il se serait aperçu de l'équivoque et il aurait compris que ce monument qu'il croyait ériger à la *vérité* n'était qu'un de ces palais enchantés de l'imagination.

Cet examen réfléchi aurait bientôt dissipé les prétendus rapports qu'il trouvait entre les plantes nées sur les grains, et les animalcules; car si elles avaient été les mères de ceux-ci, elles auraient toujours dû en produire d'autres dans les cristaux; cependant, combien n'ai-je pas eu de cristaux pleins de petites plantes où il n'y a jamais eu d'animalcules? Et combien de fois n'est-il pas arrivé que la naissance des animalcules a précédé celles des petites plantes, ou que ces animalcules ont été très nombreux dans ces cristaux où il n'y a eu aucune plante? Il résulte de là nécessairement que les animalcules et les plantes n'ont entre eux aucune liaison de dépendance.

Lorsque je faisais ces expériences sur les deux moyens que M. de Needham proposait, je ne crus pas perdre mon temps en examinant une troisième ressource, dont le même Auteur parle très longuement dans son premier ouvrage; elle consiste à observer soigneusement les graines quand elles se décomposent dans l'eau, et à suivre ce qui arrive aux petits fragments provenus de cette décomposition; ils paraissent comme de petites vésicules rondes qui, semblables aux petites plantes, prennent insensiblement du mouvement, se transportent d'un lieu dans un autre, nagent dans la liqueur et deviennent bientôt de vrais animaux Je résolus donc d'examiner avec assiduité ces vésicules qui sont toujours nombreuses, lorsque les graines infusées, surtout les céréales, se décomposent; je fis pour cela les expériences suivantes. Je mis des moitiés de grains de blé dans l'eau, chacune avait son verre concave, je les observai avec exactitude, et je les vis se décomposer et former les vésicules dont il s'agit; j'eus l'œil collé au microscope plusieurs heures du jour, pour ne pas les perdre de vue, mais je les trouvai toujours parfaitement tranquilles. Au bout de quelques jours, leurs extrémités commencèrent à s'user, les vésicules elles-mêmes perdirent bientôt leur forme et se réduisirent à rien. Je fis une autre expérience : aussitôt que les vésicules se furent débarrassées du grain qui se décomposait, j'en pris plusieurs que je mis dans des cristaux concaves avec de l'eau pure, afin qu'elles fussent sans aucun mélange de matières étrangères; je les comptai, en marquant à peu près dans le même temps avec l'œil leur position et leurs distances réciproques; ensuite, j'eus la patience de les visiter très souvent : j'observai en eux une immobilité aussi parfaite que constante et je n'aperçus jamais aucune diminution dans leur nombre, ni aucun changement dans le lieu qu'elles occupaient. Après un certain temps ces vésicules se réduisirent en atômes invisibles. Tels furent les résultats de mes observations, si l'on fait attention à l'exception qui aura pu tromper notre Auteur.

Lorsque les vésicules commencent à paraître, les animalcules commencent à éclore; ceux-ci, en allant à la quête de leurs aliments, se pressent souvent autour des vésicules, et quelquefois les plus petits parviennent à s'y insinuer; j'en ai vu quelquefois deux et même davantage entrer dans ces vésicules sans en ressortir, au moins pour le moment. Il n'est plus étonnant que ces vésicules qui renferment ces animalcules aient alors un mouvement propre, qu'elles roulent sur elles-mêmes comme des boules, et qu'elles fassent quelques pas dans la liqueur. Ceux qui n'auraient pas dévoilé ce mystère auraient d'autant plus aisément pris ces vésicules pour des animaux qu'elles en ont la figure, mais, en continuant à les observer, on voit bientôt sortir les animalcules hors des vésicules, et même les déchirer souvent lorsqu'ils s'élancent pour les quitter. Lorsqu'une fois ces animalcules ont abandonné les vésicules, celles-ci reprennent leur première immobilité. J'ai eu le plaisir d'observer souvent ces vésicules en repos ou en mouvement, suivant qu'elles étaient sans animalcules ou qu'elles en renfermaient au dedans d'elles. La prétendue animalité de ces vésicules ou de ces petits fragments de graines n'est donc qu'un jeu des animalcules qui y pénètrent (1).

M. de Needham essaie d'appuyer cette prétendue métamorphose par une autorité étrangère; il donne pour exemple, comme je l'ai déjà dit (2), un je ne sais quel animal chinois qui est dans l'été une plante et qui dans l'hiver devient un ver; il parle d'une mouche fameuse qui est tantôt un arbuste et tantôt une mouche; mais à l'ouïe de ces relations faites par les gens du peuple : *Spectatum admissi risum teneatis Amici.*

Ce qu'il rapporte des graines de champignon, qui sont d'abord des animaux, serait également ridicule, si M. de Munchausen et M. Linnaeus ne l'avaient pas inséré dans leurs ouvrages. Cet illustre naturaliste, doutant de la réalité du fait, le fit examiner

(1) M. Muller est tombé dans l'erreur de M. de Needham. Il prétend que ces vésicules se métamorphosent en animalcules, parce qu'il les a vus quelquefois se mouvoir; mais j'ai montré que ces vésicules peuvent avoir ce mouvement sans qu'on puisse en conclure qu'elles sont animées; de sorte que les mêmes raisons qui m'empêchent de penser comme M. de Needham, m'empêchent aussi de penser comme M. Muller.

(2) Part. I, chap. I.

à M. Ellis, qui découvrit bientôt la cause de l'erreur : les graines de champignon ou leurs pluviscules ayant été macérées dans l'eau, ne tardèrent pas à se mouvoir avec une grande agilité et une variété dans les directions de leurs mouvements, qui les firent croire animés; mais quand il eut examiné attentivement ce fait, il découvrit d'abord que ce mouvement était extérieur et accidentel, qu'il était produit par des coups très légers qu'une foule d'animalcules, presque imperceptibles au microscope, donnaient aux pluviscules. M. de Munchausen, qui n'aperçut pas ces petits animaux, crut bonnement ces pluviscules changés en animaux, parce qu'ils se mouvaient.

Mais je veux quitter l'examen de ces moyens merveilleux, imaginés pour expliquer la multiplication de nos animalcules, et j'en vais faire connaître d'autres qui sont aussi merveilleux, mais qui sont en même temps plus sûrs.

CHAPITRE IX

I. Manières singulières de se multiplier qu'ont plusieurs espèces d'animalcules. — II. Phénomène propre à faire croire que les animalcules s'accouplent. — III. Lettres du Père Beccaria sur ce sujet. — IV. Découverte de M. de Saussure communiquée à M. Bonnet, qui en fait part à l'Auteur, sur la multiplication de beaucoup d'espèces d'animalcules par une division naturelle de leur corps. — V. L'Auteur confirme et étend cette découverte. — VI. Multiplication de quelques animalcules par une division transversale. — VII. Multiplication de quelques autres animalcules par une division longitudinale.— VIII. Moyen pour observer commodément ces divisions. — IX. Réfutation d'Ellis, qui croyait faussement que ces divisions n'étaient pas des moyens naturels de multiplication. — X. Observations et réflexions de l'Auteur sur le fameux *Volvox* de Leuwenhoek.

Si, lorsqu'on observe quelques espèces d'animaux, on en voit deux qui soient unis ensemble, on soupçonne d'abord qu'ils sont occupés du soin de se reproduire; on a cette pensée, quoique les animaux qui la font naître soient infiniment petits, parce qu'une foule de cas nous ont appris que les animaux qui sont dans cette situation travaillent alors véritablement et le plus souvent à la propagation de l'espèce; ainsi, l'on a cru les animalcules accouplés, parce qu'on les a vus souvent unis deux à deux : telle a été l'idée de M. Ellis, telle est celle du Père Beccaria, comme il me l'a fait connaître dans une lettre qu'il m'écrivit il y a quelques années, en me parlant de mes premières observations sur les animalcules. Comme cette lettre est particulière à ce phénomène, et comme elle touche à d'autres points importants de cette matière, je la transcrirai en entier; elle est datée de Turin, du 11 septembre 1765.

« Si vos belles expériences avaient besoin d'être appuyées du témoignage d'autrui, je pourrai le fournir; car il y a douze ans que le Duc de Savoie me fit appeler pour voir les expériences que M. de Needham lui faisait sur les animaux microscopiques, je crus devoir alors lui présenter un long ouvrage avec cette sentence : *Si parva licet componere magnis*; j'y montrai d'abord par l'analogie l'invraisemblance de l'opinion proposée; je fis voir en second lieu qu'elle n'était pas une conséquence des expériences; j'employai encore mes heures libres pendant deux ans à faire des expériences sur cette matière, qui me paraissait intéressante. Je parvins à découvrir premièrement, comment les infusions dissolvent le sel fixe des substances, en le conduisant vers leurs bords et dissipent sa partie volatile, comment on peut s'assurer du premier par le goût et du second par l'odorat. Secondement, comment les animalcules ont un mouvement propre, intérieur, spontané, comment ils savent éviter les obstacles, changer de direction, se mouvoir en haut; outre cela, comment ils ont encore ces deux qualités que j'exprime ainsi dans mes écrits : *Lucem refugiunt paulo vividiorem, putrem materiam appetunt quasi ut vescantur.* Vos yeux exercés n'auront pas sûrement manqué d'observer un fait particulier et très remarquable dont vous parlez, il est relatif à la manière dont les animalcules se reproduisent; j'ai observé très souvent que ces animalcules, après avoir pris tout leur accroissement, étaient comme accouplés, c'est-à-dire que si *A* est le bord d'une goutte de matière putréfiée, on y voit très souvent deux animalcules *B* et *C*, dont l'un, *C*, est appuyé contre la particule de matière ou contre le bord *A*, de manière qu'il se trouve uni à *B*, ou pour parler avec plus de vérité et rapporter seulement ce qu'on apercevait, ils étaient tous deux en contact, se vibrant perpétuellement, ou comme oscillant réciproquement dans la direction de la ligne qui passe par les centres des deux corps : ces oscillations se manifestaient surtout par le mouvement de quelques parties intérieures sur la ligne *D E E*, mais apparemment que quelque retenue vous a engagé comme moi à taire cette observation innocente. »

En répondant à la lettre polie de ce fameux physicien, j'eus l'honneur de lui apprendre que j'avais vu comme lui plusieurs fois le phénomène des deux animalcules unis ensemble, que j'en parlais expressément dans plusieurs de mes journaux et que j'en avais ébauché la figure; mais pour dire la vérité, quoique j'eusse pensé qu'une semblable union pût être un véritable accouplement, je ne pus pas me décider à en parler dans ma Dissertation, parce que je craignis de me tromper. Les animalcules sont des parties de la création inconnues aux physiciens; il est trop facile de se faire illusion, quand on les juge par les idées qu'on a des animaux plus grands. Ce doute me fit aussi laisser cette observation dans l'obscurité de mes papiers; je ne pensai plus aux animalcules et je souhaitai que quelque observateur plus heureux, ou plus pénétrant que moi, augmentât la vivacité et la quantité de la lumière que j'avais répandue sur ce sujet. Mes vœux ne furent point sans succès, mes observations tombèrent entre les mains de M. de Saussure, qui désira de s'exercer sur ce sujet et qui s'occupa surtout du phénomène de l'accouplement prétendu. Cet objet devint pour cet illustre physicien le sujet d'un examen long, délicat et suivi, par lequel il parvint à découvrir que cette union n'était pas l'accouplement de deux animaux, mais un animal qui se multipliait en se divisant en deux parties. M. de Saussure communiqua cette découverte à M. Bonnet, qui m'en fit part dans les morceaux suivants de ses lettres.

« De ma solitude, le 27 janvier 1770.

» Dans le chapitre VIII du tome I de mes *Considérations sur les Corps organisés*, j'avais hasardé quelques conjectures sur la nature des *Animalcules des Infusions* et sur leur manière de se multiplier. J'avais dit, art. 133 : préférons des conjectures qui aient leur fondement dans l'observation ou l'expérience. Comparons les animalcules en question aux *Polypes* et autres insectes qui se multiplient de bouture... Supposons qu'ils se propagent, soit par une *division naturelle* semblable ou analogue à celle des *Polypes à Bouquet*, soit en se rompant ou en se partageant avec une extrême facilité, comme les petites *anguilles* de l'eau douce, dont j'ai parlé dans mon *Traité d'Insectologie* (Obs. XXI, Part. II). Nous expliquerons par là assez heureusement les principaux phénomènes que nous offrent les *animalcules*, en particulier celui de leur diminution de grosseur et de leur augmentation de nombre.

» Je n'avais pas trop espéré, je l'avoue, que ces conjectures se vérifieraient un jour, et je n'y étais pas fort attaché. Ces *animalcules* sont si petits, qu'il n'était pas facile de présumer qu'on parviendrait à nous dévoiler le mystère de leur *multiplication*. Il est pourtant dévoilé aujourd'hui ce *mystère*, et nous en sommes redevables aux recherches d'un naturaliste qui, quoique très initié dans l'art si peu commun encore d'interroger la Nature, ne se presse point d'en publier les oracles, parce qu'il est assez modeste pour craindre toujours de ne les avoir pas bien entendus. Ce naturaliste est déjà connu du petit nombre de ses pareils, par un écrit qu'il mit au jour en 1762, et où l'on trouve des observations très fines sur un sujet fort peu connu, *sur les Pétales des Fleurs*. On voit que je parle de M. de Saussure, qui dans un âge où le commun des hommes ne fait que commencer à penser, remplissait déjà avec distinction une de nos chaires de philosophie. Le tendre attachement qu'il a pour moi, et que je mérite par celui que je lui ai voué, ne lui permettait pas de me laisser ignorer ses découvertes sur la manière dont les *Animalcules des Infusions* multiplient : il me les a racontées assez en détail dans une lettre que je reproduis ici avec d'autant plus de plaisir, qu'elle me paraît plus digne de l'attention des observateurs »[1].

(1) Ces paroles de M. Bonnet et la lettre de M. de Saussure sont insérées dans la seconde édition de *La Palingénésie*.

« *A Genève, le 28 septembre 1769.*

» Vous aviez donc, Monsieur, bien raison de penser » que les *Animalcules des Infusions* pouvaient, » comme les polypes, se multiplier par une *division* » *et subdivision* continuelles. Vous ne proposiez » cette opinion que comme un *doute*; mais les obser- » vations que j'ai faites sur plusieurs espèces de » ces singuliers animaux m'ont convaincu qu'on » pouvait la regarder comme une *vérité*. Ceux de » ces animaux qui ont une forme ronde ou ovale » sans aucun bec ou crochet en avant, se divisent en » deux transversalement. Il se forme au milieu de » leur longueur un étranglement qui augmente peu » à peu jusqu'à ce que les deux parties ne tiennent » plus qu'à un fil. Alors l'animal, ou plutôt les deux » animaux, font de grands efforts pour achever la » division et après leur séparation ils demeurent » quelques moments comme engourdis; mais ensuite » ils se mettent à courir çà et là dans la liqueur, » comme le faisait l'animal entier dont ils ont été » produits.

» Vous comprenez bien, Monsieur, que dans ces » premiers moments de leur nouvelle vie ils doivent » être plus petits que l'animal de la division duquel » ils résultent; chacun d'eux n'est que la moitié de » ce tout, mais ils grossissent en peu de temps, » acquièrent la grandeur du tout dont ils font » partie, et se divisent à leur tour en animaux » qui viennent aussi à les égaler.

» M. l'abbé Needham m'a fait l'honneur de parler » avec éloge de cette observation dans ses *Notes* sur » la traduction du bel ouvrage de M. Spallanzani,

» et il s'en sert pour appuyer son système, qui est
» que les plus petites espèces d'animalcules qu'on
» voit dans les *Infusions*, celles-là même qui, aux
» plus forts microscopes, ne paraissent que des
» points, sont produites par la *division et sub-*
» *division* continuelles des grandes espèces. Mais
» sans doute que pendant l'espace de quatre ans qui
» s'est écoulé depuis que je lui communiquai cette
» observation, il aura oublié que j'avais constam-
» ment observé que les parties de l'animalcule divisé
» deviennent en peu de temps aussi grandes que les
» touts auxquels elles ont appartenu; en sorte qu'on
» retrouvait dans les générations la même constance
» et la même uniformité que l'on voit dans le reste
» de la Nature. Peut-être n'insistai-je pas avec
» M. Needham sur cette particularité; peut-être ne
» lui dis-je pas, que pour écarter toute espèce de
» doute, j'étais venu à bout, à force de patience,
» de mettre un de ces animaux parfaitement seul
» dans une goutte d'eau, que cet animal s'était par-
» tagé en deux sous mes yeux, que le lendemain ces
» deux en étaient devenus cinq, le surlendemain
» soixante, le troisième jour un si grand nombre
» qu'il m'avait été impossible de les compter, et que
» tous, excepté ceux qui venaient d'être produits
» sur l'heure, étaient égaux à celui dont ils étaient
» sortis.

» Si vous voyiez, Monsieur, pour la première fois
» un de ces animaux dans le moment où il est sur
» le point de se diviser, vous croiriez que ce sont
» deux animaux accouplés. Je m'y trompai com-
» plètement la première fois que je les vis; je crus,

» comme Micromegas, après avoir pris la Nature » sur le fait; je ne fus détrompé que quand j'en eus » vu un passer successivement dans l'espace de vingt » minutes par tous les degrés qui séparent l'étran- » glement le plus imperceptible d'une séparation » parfaite (1).

» Et ce qu'il y a de plus remarquable par rapport » à l'instinct de ces animaux, c'est que quand ils » en voient, ou du moins en aperçoivent deux qui » sont sur le point de se séparer, mais qui ont de » la peine à en venir à bout, ils se précipitent entre » eux comme pour les aider à rompre les ligaments » qui les retiennent, et l'on ne saurait soupçonner » que ce soit une rencontre fortuite, parce qu'à » l'ordinaire ils s'évitent très soigneusement, et ne » se heurtent jamais dans leurs courses, quelque » rapides quelles soient.

» Une autre espèce que j'ai trouvée dans l'infusion » de graine de chanvre, et qui a un bec ou crochet » en avant, se multiplie aussi *par division*, mais » d'une manière bien plus singulière que celle dont » je viens de vous entretenir. Lorsque l'animalcule » est sur le point de se diviser, il cherche au fond » de l'infusion une place qui lui convienne, et c'est » ordinairement cette espèce de mucilage demi- » transparent qui se forme dans l'infusion de chè- » nevis. On voit l'animal aller, venir, essayer une » place, en essayer une autre, et puis enfin se fixer.

(1) M. Muller avoue avec ingénuité que les premiers animalcules qu'il avait vus unis, lui avaient paru accouplés, mais ce séduisant phénomène peut facilement tromper les meilleurs observateurs; il ne faut donc pas s'étonner de l'erreur innocente du Père Bassaria, mais on ne doit pas douter en même temps qu'il ne s'en fût aperçu, si les recherches sur l'électricité qui lui font tant d'honneur, lui eussent laissé le temps nécessaire pour suivre ces observations.

» Il *rammoncelle* alors son corps, naturellement un » peu allongé, et fait rentrer ou du moins dis- » paraître son bec crochu, en sorte qu'il prend la » forme d'une petite sphère. Alors il commence » insensiblement à tourner sur lui-même, de manière » que le centre de son mouvement demeure fixe, et » que la boule ne change point du tout de place. » Ce mouvement se fait avec la plus parfaite régu- » larité, et ce qu'il y a de bien remarquable, c'est » que la direction de cette rotation change conti- » nuellement; en sorte que si vous l'avez vu d'abord » tourner de droite à gauche, vous le voyez peu de » temps après tourner d'avant en arrière, puis de » gauche à droite, puis d'arrière en avant, etc. Tous » ces changements se font par degrés insensibles et » sans que l'animalcule ou la machine tournante » change jamais de place. Sur la fin, le mouvement » s'accélère, et au lieu que la boule vous paraissait » uniforme, vous commencez à y apercevoir deux » divisions en croix comme sur la coque du marron » prêt à s'ouvrir. Peu après l'animal s'agite, se » trémousse, et enfin se partage en quatre animal- » cules parfaitement semblables à celui dont ils ont » été produits, mais seulement plus petits. Ils » grossissent ensuite, se subdivisent, chacun en » quatre, qui grossissent à leur tour ; je n'ai pu » voir aucune fin à cette *subdivision*, et toujours » les plus petits sont venus à égaler leurs pères, si » du moins on peut se servir du nom de *père* dans » cet ordre singulier de générations. »

M. Bonnet ajoute à la lettre de M. de Saussure les paroles suivantes : « La dernière espèce d'*animal-*

cules dont M. de Saussure fait mention dans sa lettre, lui a offert une autre analogie avec les *Polypes à Bouquet*. On sait que ces derniers excitent dans l'eau un petit tournoiement, qui précipite vers leurs bouches les divers corpuscules dont ils se nourrissent. Nos animalcules savent aussi exécuter dans la liqueur de l'infusion un pareil mouvement, et sans doute pour la même fin. »

Dans le nouveau cours d'expériences que j'ai faites à ce sujet, j'ai pu commodément étudier la découverte de M. de Saussure, la vérifier et l'étendre; j'ai trouvé que les espèces qu'il avait observées n'étaient pas les seules qui se multipliassent par une division naturelle et d'une manière si extraordinaire, mais qu'il y en avait plusieurs autres qui jouissaient de ce privilège. Je parlerai d'abord des voies les plus simples de multiplication qu'on observe dans ces animalcules, et je ferai premièrement connaître la division transversale que le professeur genevois a découverte.

Cette division a non seulement lieu, comme il l'a observé, dans les animalcules sphériques ou ovales, mais encore dans d'autres espèces dont les parties antérieures sont pointues, quoiqu'elles n'aient ni bec ni crochets. Pour mieux voir ce qui se passe, j'isole l'animal dans la liqueur d'un cristal; si la saison est chaude, on aperçoit bientôt une trace d'étranglement dans le milieu des deux côtés de l'animalcule; l'étranglement croît insensiblement, et alors l'animalcule ressemble d'une certaine façon à une vessie gonflée et oblongue traversée dans le milieu par une ficelle qui la serre fortement; l'animal nage dans la liqueur lors même que la séparation s'opère, et il s'élance avec le museau vers les fragments de matière qu'il peut y avoir dans le cristal, l'étranglement devient toujours plus profond; enfin, l'animal reste changé en deux petites sphères égales qui se touchent en un point. Ces sphérules attachées ensemble continuent à se mouvoir comme l'animalcule avant sa division; on remarque seulement cette différence, c'est qu'elles s'arrêtent souvent, mais pendant un temps très court. La sphérule antérieure paraît plus pesante que la postérieure, qui est entraînée par la première et qui ne paraît avoir d'autres mouvements propres que ceux qui sont nécessaires pour se séparer de la sphérule sa compagne ; la division s'achève enfin, et d'un seul animalcule il s'en forme deux. On croirait d'abord que ces animalcules ne savent pas se mouvoir, mais leur repos ou leur paresse se dissipent bientôt, et chacune de ces deux parties reprend la vitesse que le tout avait peu auparavant. Les sphérules acquièrent bientôt la grandeur et la forme de l'animal entier.

Quoique toutes les espèces d'animalcules que j'ai observées se divisent transversalement en deux parties égales, cependant lorsque ces deux parties sont très proches de leur division elles ne sont pas toujours sphériques, mais plus ou moins ovales. Outre cela, les deux portions séparées et changées en animalcules ne sont pas toujours dans ce moment engourdies et paresseuses ; au contraire, elles conservent souvent la vitesse du tout dont elles tirent leur origine. Mais ce qui mérite surtout d'être observé, c'est qu'il arrive à quelques-uns de ces animalcules que les deux portions qui doivent former les deux animalcules futurs croissent tellement en masse, que lorsqu'elles sont sur le point de se séparer elles sont presque chacune en particulier égales au tout quand il était entier. J'en ai eu la preuve certaine, en comparant chacune des deux portions avec d'autres animalcules entiers de la même grandeur et de la même espèce que celui qui s'était divisé. Si les animalcules provenus de ces divisions s'isolent encore, ils produisent toujours par des divisions et subdivisions semblables d'autres animalcules.

Entre les animalcules qui se divisent transversalement, il y en eut quelques-unes de leurs espèces semblables à celles de ces animalcules dont la forme est elliptique, qui ont la partie antérieure pointue, qui naissent quelquefois dans l'infusion de froment et qui sont doués d'une corpulence plus vaste que celle des autres, qui ont encore, à la partie antérieure, de courts fils toujours en mouvement. C'est ce mouvement qui produit sûrement le tourbillon observé par M. de Saussure dans la seconde espèce de ces animalcules. Pour distinguer ce tourbillon et ces fils vibrants, il faut avoir une vue extrêmement fine et une lentille très forte. Lorsque l'animalcule se divise, le jeu des fils et des tourbillons continue sans cesser et il est le même après la division. Quand la partie postérieure s'est séparée de l'antérieure, elle se garnit bientôt de petits fils et forme aussi un tourbillon dans la liqueur.

J'ai compté quatorze espèces d'animalcules qui se multiplient de cette manière, mais il y en a deux qui méritent d'être décrites. Dans les infusions du blé rouge et barbu, on observe une espèce d'animalcules de forme circulaire et d'une stature qui excède en grandeur la médiocre, qui offre ceci de particulier : on voit sortir du contour de leur corps une couronne de petites pointes allongées, semblables à des cônes très déliés et qui se meuvent avec une grande prestesse. J'ai parlé de cet animalcule dans ma Dissertation [1], de même que de ses pointes allongées; mais comme je n'avais pas fait alors toutes les observations nécessaires, je n'étais point sûr de l'usage qu'ils en pouvaient faire. Aujourd'hui, je crois pouvoir assurer, sans courir risque de me tromper, que ces petites pointes servent à ces animalcules pour nager, comme les jambes et les bras de tant d'animaux aquatiques; je tire cette idée, premièrement du repos de ces pointes quand l'animal est tranquille, de leurs mouvements quand il se meut et de l'accélération de ces mouvements, comme de la rapidité de leurs vibrations quand l'animalcule court avec le plus de promptitude. Secondement, si le nombre de ces pointes est plus petit qu'à l'ordinaire par quelque accident, l'animalcule ne se meut plus, ou ses mouvements sont beaucoup plus lents. Ces animalcules de l'infusion de blé rouge et barbu se multiplient en se divisant transversalement en deux; la division s'opère lentement, mais elle a ceci de singulier, c'est que, quoiqu'elle ne soit pas entièrement finie, cependant chacune des deux est égale au tout par sa grandeur; elle a déjà acquis, pendant sa division, des petites

(1) Chap. II.

pointes semblables aux vieilles par la place qu'elles occupent, si l'on excepte seulement que les premières sont plus courtes.

L'autre espèce dont je veux parler est celle qu'on trouve dans l'eau où l'on a mis de la lentille de marais; ces animalcules sont si grands qu'on les aperçoit sans microscope. En remplissant avec cette eau un tube de verre dont les parois seraient très minces, et en l'éclairant de toute part avec les rayons du soleil, ces animalcules réfléchiront la lumière à l'œil de l'observateur, de manière qu'il sera très aisé de voir leurs divisions successives. Les autres animalcules de forme ovale qui sont de cette espèce nagent lorsque la division est à peine commencée, d'autres lorsqu'elle est assez avancée, d'autres lorsqu'elle est presque finie ; leur multiplication est si abondante, au moins dans certain temps, qu'un seul animalcule peut très vite peupler toute une infusion.

Voilà ce que j'avais à dire sur la division transversale; il me reste à parler de la division longitudinale, qui est aussi un moyen par lequel les animalcules se multiplient. Les animalcules à fils dont j'ai déjà parlé dans le chapitre précédent se multiplient longitudinalement ; mais pour bien comprendre comment cette division s'opère, il convient de s'arrêter à décrire ces animalcules. Si l'on prend une goutte d'infusion et si on la présente au microscope, on trouve ces animalcules au milieu des fragments de graines; les uns sont attachés avec leurs fils à ces fragments, les autres errent librement dans cette goutte. Ce fil se noue à la partie postérieure de l'animal, et quoique sa position naturelle soit en ligne droite, cependant il se contracte souvent subitement et forme une spirale, dont les spires se serrent jusqu'à ce qu'elles se touchent, et s'éloignent un moment après l'une de l'autre, alors le fil reprend sa première position qui est la ligne droite. Si la goutte éprouve un léger mouvement quand le fil tend à se redresser ou qu'il est redressé, le fil reprend bientôt sa forme spirale. Ce mouvement spiral est cause que le fil est fixe dans l'extrémité opposée à l'animalcule; l'animalcule est obligé de se rapprocher rapidement du point fixe où il est attaché lorsqu'il se contracte, et si le fil est libre dans cette extrémité il se met autour de l'animalcule. Ce jeu s'exécute fréquemment dans le fil; il a presque des périodes réglées, la couleur du fil est perlée, sa finesse est excessive au moins en comparaison de l'animalcule; sa longueur égale celle de l'animalcule, si elle ne le surpasse pas. La figure de l'animacule lui-même ressemble à celle d'un oignon, son fil est attaché à sa pointe comme les racines sont attachées à leur oignon; aussi, j'appelle ces animalcules *à bulbe*. La partie antérieure de l'animalcule a un trou un peu au-dessous, on voit sortir une suite de fils disposés circulairement qui sont extrêmement subtils. Ces fils très fins sont animés par un mouvement continuel de vibration qui occasionne dans la liqueur un petit tourbillon entraînant vers lui tous les petits corps qui l'entourent et même les plus petits animalcules; on voit qu'à mesure que les corps s'approchent de l'animalcule, le mouvement qui les entraîne devient plus rapide. Si l'on rapproche bien ces fils, il n'est pas difficile d'observer la fin de cette opération ; lorsque les corps les plus gros sont entrés dans le trou de l'animalcule, ils sont repoussés, mais les plus petits y restent : on est donc fondé à croire qu'ils pénètrent le corps de l'animalcule par quelque canal invisible, et que le but de cette opération paraît être la nourriture de l'animalcule et sa conservation. Les fils oscillants causent le tourbillon, le tourbillon entraîne dans le trou ou dans la bouche de l'animalcule les matières qui nagent dans l'infusion, et l'animalcule choisit les plus délicats pour sa nourriture, ou du moins celles qui lui conviennent le mieux.

J'ai dit que ce fil avait certains mouvements périodiques, j'ajouterai que l'animalcule a d'autres mouvements périodiques qui succèdent immédiatement à ceux du fil. Toutes les fois que le fil se contracte, l'animalcule se contracte aussi, et il retire sur-le-champ dans son corps ses fils et son trou, alors il prend la forme d'une sphérule; mais d'abord après, l'animalcule allonge ce fil, il prend la figure d'une poire et ensuite sa forme ordinaire. Les fils et le trou reparaissent, leurs mouvements recommencent avec les tourbillons qui avaient absolument cessé, lorsque l'animalcule était recoquillé sur lui-même.

L'infusion où j'ai vu pour la première fois un de ces animalcules se partager en deux, fut une infusion d'haricots blancs qui avaient été bouillis pendant deux heures. Entre plusieurs animalcules nageant ensemble, il y en eut un qui me parut fatigué dans la partie antérieure de son corps et qui me fit soupçonner qu'il se divisait. Je vis alors deux animalcules informes, mais unis ensemble dans leur longueur par plusieurs points. Les deux animalcules avaient chacun un trou qui leur était propre, ils avaient aussi leurs fils en mouvement qui produisaient deux tourbillons. Ces deux animalcules, non seulement se contractaient et s'allongeaient comme les autres, mais encore ils s'agitaient, se contournaient et se séparaient peu à peu l'un de l'autre; au milieu de ces agitations et de ces contorsions, ils changeaient toujours leur position réciproque, jusqu'à ce que les deux trous et les deux tourbillons eussent leurs diamètres opposés. La séparation croissait sans cesse, et au bout d'une demi-heure ils n'étaient plus attachés ensemble que par un point; le fil qui s'était sans cesse contracté en spirale, et allongé périodiquement pendant la division, n'était plus commun aux deux animalcules, mais il appartenait à un seul qui n'avait d'autre mouvement que celui d'agiter ce fil, de se ramonceler en soi-même et de s'étendre ensuite, tandis que l'autre animalcule était occupé à se plier en divers sens, à se contourner, à tourner autour de lui-même; enfin, au milieu de tous ces mouvements, il se sépara subitement de son compagnon, courut dans la liqueur et sortit bientôt hors du champ du microscope.

Cette observation me servit de règle pour en entreprendre plusieurs autres sur la même espèce ; voici les résultats que j'obtins constamment en les isolant dans les cristaux : je vis d'abord une petite fente qui s'ouvrit sur le museau de l'animalcule; elle fut le commencement de l'ouverture qui partagea le trou en deux parties, la fente s'accrut, le tourbillon devint double et chacune des deux portions acquit en se divisant la figure grossière d'un animalcule ébauché; les deux portions se séparèrent de plus en plus, leur figure se perfectionna, et quand elles furent sur le point de se séparer tout à fait elles furent métamorphosées en deux animalcules parfaits; l'un d'eux resta attaché au fil, il devint bientôt aussi grand que le tout, et par de nouvelles divisions il produisit lui-même de nouveaux êtres. L'autre animalcule séparé de son compagnon était sans fil, il parcourait la liqueur avec rapidité, il s'accourcissait, s'allongeait, et bientôt on vit croître à sa partie supérieure un appendice qui était un principe de ce fil qui lui manquait et avec lequel il s'amarrait aux autres corps. Cependant le fil s'allonge et l'animal se multiplie en se divisant.

Ces animalcules isolés périssent quelquefois dans l'eau distillée comme tous les animalcules qui se divisent; cependant ils s'y divisent et s'y subdivisent, mais ils ne peuplent jamais beaucoup leurs cristaux; si l'on mêle quelques parties de matière végétale avec cette eau distillée, alors ils se multiplient beaucoup. La privation d'aliments dans le premier cas et leur abondance dans le second sont sans doute les causes de cette différence.

Les animalcules à bulbe habitent non seulement des infusions d'haricots bouillis, mais encore celles qui n'ont pas été bouillis et surtout plusieurs infusions d'autres légumes, comme les lentilles, les fèves, les petits pois, les pois chiches, etc. Pour voir facilement la multiplication de ces animalcules, il suffit de faire macérer dans un cristal de montre deux ou trois petits morceaux de chacun de ces grains, et au bout de deux ou trois jours, si l'on fait l'expérience en été, l'on verra quelques-uns de ces animalcules attachés par leurs fils aux petits morceaux qui sont dans la liqueur; ces animalcules se diviseront sous les yeux de l'observateur, le nombre de ces animalcules qui s'attacheront ensuite aux morceaux des graines infusées sera proportionnel au nombre des divisions qui seront opérées.

Les graines que j'ai fait macérer produisent une autre espèce d'animalcules, qui se multiplient de même par une division longitudinale, et qui offrent les phénomènes des animalcules à bulbe, à l'exception de deux circonstances différentes : la première est dans les fils qui forment le tourbillon, ils ne sont pas placés dans ceux-ci au-dessous du trou de l'animalcule, mais sur les lèvres de ce trou ; la seconde est dans la figure, ceux-ci ressemblent à une fleur monopétale.

Dans ces deux espèces, le corps se divise également en deux parties; il y a une autre espèce beaucoup plus grande qui se multiplie par le moyen d'un petit fragment qui se détache obliquement du reste du corps. Cet animalcule se trouve quelquefois dans les infusions de graines de poirée ; son corps est sphérique, il pend à un fil qui a les mouvements des fils qu'ont les animalcules des deux autres espèces, mais le corps de cet animalcule ne change point comme celui des autres quand il se multiplie ; on voit alors se détacher insensiblement de lui une petite partie de son corps qui est, pour l'ordinaire, à une petite distance du lieu où le fil sort de l'animalcule. Ce petit fragment est dans un mouvement continuel; quoiqu'il soit détaché, il nage dans l'infusion avec agilité, et quoiqu'il n'ait pas encore la douzième partie du tout, il lui devient égal dans la journée : c'est alors qu'il commence à se multiplier en se divisant de la même manière.

J'ai souvent parlé de l'isolement des animalcules dans les cristaux, ou de la méthode que j'employais pour observer plus commodément les divers degrés de leurs divisions, en ne mettant qu'un seul animalcule dans chaque cristal. Le lecteur sera sans doute curieux de savoir comment je suis parvenu à les isoler, et sa curiosité augmentera d'autant plus qu'il aura mieux senti, par son expérience, la prodigieuse difficulté qu'il y a pour réussir à n'avoir qu'un seul animalcule dans une petite goutte d'infusion. M. de Saussure raconte comme une chose très rare le succès qu'il eut à force de patience d'en confiner un seul dans une goutte d'eau : j'avouerai aussi que j'ai eu beaucoup de peine pour en venir à bout, jusqu'à ce que j'aie trouvé la méthode facile et prompte que je vais indiquer.

Avec la pointe d'une plume à écrire, je transporte une petite goutte d'infusion dans un cristal, il n'importe pas qu'elle renferme beaucoup d'animalcules. Je mets sur le même cristal une petite goutte d'eau pure à la distance de deux ou trois lignes de la première, je fais ensuite communiquer ces deux gouttes par une espèce de canal commun, qui est le prolongement d'une de ces gouttes opéré avec la pointe de la plume qu'on fait marcher sur le cristal d'une goutte à l'autre; les animalcules de la petite goutte de l'infusion ne tardent pas à traverser ce canal, et ils arrivent l'un après l'autre dans la goutte d'eau. Je suis attentif à observer ce passage avec une lentille, et aussitôt que je vois un animalcule entrer dans la goutte d'eau, je coupe la communication en balayant avec un petit pinceau l'eau qui formait le canal de communication, je parviens ainsi à emprisonner un seul animalcule dans cette goutte d'eau ; si je veux en enfermer plusieurs, il m'est très facile d'y en laisser entrer le nombre que je souhaite, ensuite j'ôte la goutte d'infusion et il ne reste sur le cristal qu'une goutte où il n'y a qu'un animalcule, ou le nombre que j'en ai voulu. Les animalcules qui passent de la première goutte à la seconde font voir la même chose, avec cette différence que le canal de communication est en partie rompu ; après avoir isolé deux animalcules dans la goutte F, j'en ai isolé huit dans la goutte A G.

Je parlerai ici d'une objection de M. Ellis, moins parce qu'elle mérite d'être réfutée que parce qu'il ne paraît pas l'avoir condamnée à l'oubli. Il croit que la division des animalcules n'est pas une voie naturelle de multiplication, mais un effet du hasard produit par leurs chocs réciproques, qu'ils se déchirent alors quelquefois et qu'ils se divisent; il croit pouvoir établir cette idée par deux raisons, la première est tirée de la proportion qu'il y a pour le nombre entre les animalcules qui se divisent et ceux qui ne se divisent pas; il imagine qu'elle est à peine comme celle de 1 à 50. Il établit la seconde raison sur ce qu'il a observé de jeunes animalcules dans le corps des animalcules adultes, et même de plus jeunes encore dans le corps des jeunes animalcules (1). Je suis fâché que ce savant naturaliste n'ait pas connu la découverte de M. de Saussure, et celles que j'y ai ajoutées lorsqu'il composait son Mémoire; j'ose assurer qu'il aurait fait des recherches plus approfondies sur les animalcules et qu'il aurait peut-être senti la faiblesse ou la nullité de ses raisons. Il se serait aperçu que les chocs de ces animalcules sont purement imaginaires. J'avais marqué en termes formels, à la fin de ma Dissertation, que j'avais observé ces animalcules s'éviter lorsqu'ils se rencontraient et fuir les obstacles qu'ils trouvaient sur leur route, ce qui a été vu par deux physiciens célèbres, M. de Saussure et le Père Beccaria; j'ai eu encore l'occasion de vérifier mille fois ce fait dans mes nouvelles observations : il est donc faux que la division des animalcules soit l'effet de leurs chocs réciproques; et si l'espèce des animalcules qui se multiplient par division, dont parle le professeur de Genève, semble prouver la réalité de ces chocs dans les animalcules qui vivent ensemble, ces chocs n'ont lieu ni au commencement ni au milieu de la division, mais seulement quand elle s'achève, et lorsque les deux animalcules font des efforts pour se séparer. L'instinct de ces animalcules qui les porte à s'aider pour

(1) *Trans. Philos.*

se séparer ne paraît propre qu'à cette espèce ; je ne l'ai point observé dans plusieurs autres que j'ai vu se diviser. L'*experimentum crucis* contre l'objection d'Ellis, c'est celle-ci : des animalcules ayant été faits solitaires dans les cristaux, ils se multiplièrent comme les autres par division, quoiqu'ils n'éprouvassent alors aucun choc de la part des animalcules.

Si mon respectable collègue avait étudié longtemps nos animalcules, il aurait bientôt reconnu l'insuffisance de la proportion qu'il établit entre les animalcules qui se divisent et ceux qui ne se divisent pas, en faisant attention au nombre considérable de ceux qu'on voit dans une division actuelle. Plus d'une fois j'ai observé une multitude prodigieuse de ces animalcules nageant dans les infusions, je n'en ai presque pas vu un seul qui ne donnât des marques évidentes d'une prochaine division ; je comprends bien ce qui a pu tromper M. Ellis, j'ai observé constamment que cette manière de se multiplier a des périodes déterminées ; la multiplication des animalcules est fort abondante pendant certains temps, elle est rare et même nulle dans d'autres : peut-être que M. Ellis a fait ces observations sur la fin du temps où ces animalcules se multiplient, et qu'il en tira une conclusion particulière, qu'il crut pouvoir généraliser ensuite.

Je ne crois pas me tromper en devinant ce qui a trompé cet Auteur, puisqu'il avertit qu'il a découvert les fils et les petits-fils dans le corps des animalcules qu'il observait. Une bonne partie de ces êtres paraissaient autant de petits sacs transparents semés çà et là de petits grains ou de vésicules qui en renferment très souvent d'autres plus petits. Quand je commençais à observer ces animalcules, je me persuadais aisément que ces grains ou ces vésicules étaient autant de petits, de sorte que les plus petites vésicules paraissaient alors les enfants des moins petits. Plusieurs personnes présentes à ces observations le crurent, et je ne dissimulai pas que je le crus d'abord avec elles; mais il est certain que ces vésicules ou corpuscules granulés ne sont pas des animaux, j'en ai des preuves très solides. J'isolai dans un cristal quelques petits animalcules, et afin qu'ils restassent tous sous le champ du microscope, lorsque leur nombre se fut accru, je les laissai dans une petite goutte d'eau. Je pouvais alors en fixer plusieurs, les reconnaître quand je les observais; ces corps granulés m'aidaient à les distinguer, parce qu'ils ont dans chaque animalcule une grandeur, une place et une figure différente; il m'aurait été facile alors de remarquer les changements qui seraient arrivés à ces corpuscules, mais j'ai toujours observé qu'ils restaient absolument les mêmes dans le corps de chacun des animalcules où ils étaient depuis le commencement, que leur nombre ne variait pas, et que cela dura de cette manière jusqu'à ce que la prodigieuse quantité de ces animalcules me fit cesser de les observer. La multiplication de ces animalcules ne s'opère donc pas par le moyen de ces grains qui sont sûrement destinés à quelque usage qui nous est inconnu. Les polypes à bras, qui se multiplient par division, ont des grains analogues dans toute leur substance, et M. Trembley a démontré que ces grains n'ont aucune part à leur génération.

Les naturalistes ne connaissent, autant que je le peux savoir, dans l'empire étendu des animalcules, qu'une seule espèce qui se multiplie suivant l'idée d'Ellis, c'est le fameux *Volvox*, découvert d'abord par Leuwenhoek, ensuite retrouvé par d'autres naturalistes, et qu'on a sans doute appelé de ce nom parce qu'il se roule sur lui-même en cheminant. Il est très transparent, comme la plupart des animalcules, et l'on voit nettement sa structure intérieure. Quelques observateurs ont déjà découvert dans le sein de cet animalcule des enfants, des petits-enfants, des arrière-petits-enfants, et même la cinquième génération. Dans mes longues observations d'infusions, j'en ai trouvé deux très abondantes en Volvox; l'une était faite avec de la graine de chanvre, et l'autre avec celle de la tremelle. L'eau corrompue des fumiers sert encore de retraite à plusieurs Volvox. Ces animalcules sont d'abord très petits, ensuite ils grossissent au point d'être aperçus par les yeux nus; ils sont d'une couleur verte tirant sur le jaune, leur figure est globuleuse, leur substance est membraneuse et transparente; au milieu de cette substance ils renferment plusieurs globes très petits. Les petits globes qu'ils renferment, observés avec une lentille plus forte, paraissent autant de Volvox beaucoup plus petits, qui ont chacun leur membrane diaphane, et qui renferment encore d'autres Volvox beaucoup plus petits. Je suis parvenu à distinguer la troisième génération, mais je n'ai jamais pu distinguer les deux autres, quoique j'aie employé les lentilles les plus fortes. Il est possible que je n'aie pas su les reconnaître, ou qu'elles n'aient pas été visibles dans ceux que j'ai observés, parce qu'ils n'étaient peut-être pas de l'espèce ou de la grandeur des Volvox observés par les autres naturalistes (1). Certainement des petits globes de petits globes sont autant de générations emboîtées l'une dans l'autre; car mes Volvox étant devenus plus grands, les globes plus petits commencèrent à se mouvoir dans la membrane, ils se détachèrent de leur père, en sortirent, et nagèrent dans l'infusion en se roulant sur leur axe pour passer d'un lieu à un autre, suivant la manière de ces animalcules. Quand tous ces animalcules eurent ainsi quitté le sein maternel, la membrane commune qui les contenait se rida, commença à se dissoudre et après avoir perdu tout mouvement, on la perdit elle-même aussi de vue. Cependant les Volvox déjà nés grandissaient avec les petits globes qu'ils renfermaient; ces derniers se mouvaient comme les premiers, ils se débarrassaient comme eux de leur membrane commune qui se dissolvait à son tour, et ils nageaient comme ceux dont j'ai déjà parlé. J'eus envie d'isoler dans des cristaux ces générations successives de Volvox à mesure qu'ils sortaient du sein maternel, et je suis parvenu à voir la treizième génération.

Qu'on me permette une digression pour finir ce chapitre. Une des plus fortes objections qu'on fasse contre le système des germes, est tirée de la grande difficulté qu'il y a à concevoir ces enveloppes suc-

(1) M. Muller, qui en décrit plusieurs espèces, n'a vu dans le corps de la mère que les petits-fils et les arrière-petits-fils dans la seule espèce qu'il appelle *Volvox globator*.

cessives d'animaux dans des animaux, et de plantes dans des plantes. On a cherché à prévenir cette objection en montrant qu'elle est plus propre à effrayer l'imagination que la raison, qui conçoit la divisibilité de la matière à l'infini; on est parvenu à l'affaiblir encore par des exemples favorables à l'emboîtement; on a trouvé plus d'une fois un œuf dans un autre œuf, et quelques parties osseuses d'un fœtus dans un autre fœtus (1). Le papillon avant de naître est enfermé dans l'étui de la chrysalide, et la chrysalide dans l'étui de la chenille. Dans les graines des végétaux on trouve les rudiments des plantes et dans l'oignon d'une jacinthe on a compté jusqu'à la quatrième génération (2). Le Volvox fournit une preuve nouvelle et bien forte en faveur des emboîtements; l'œil parvient à y voir jusqu'à la treizième génération, et probablement ce n'est pas la dernière. Je ne puis pas dire autre chose, sinon que le temps me manqua pour chercher des développements ultérieurs; j'invite les naturalistes à pousser cette observation importante.

(1) *Histoire de l'Acad. Roy. des Sc.*, 1742-1748.
(2) Bonnet, *Corps organisés*, t. I.

CHAPITRE X

I. Continuation du même sujet. — II. Animaux qui représentent un arbrisseau en miniature. — III. Phénomènes surprenants qu'offrent ces animaux. — IV. Leur multiplication s'opère par le moyen d'une division naturelle. — V. Origine et accroissement de ces petits arbrisseaux. — VI. Ressemblances et dissemblances observées entre ces animaux et les polypes à pennaches. — VII. Quelques espèces d'animalcules dont la division commence précisément dans cette partie du corps où elle finit dans les autres. — VIII. Manières nouvelles et très extraordinaires que suivent plusieurs animalcules dans leur multiplication. — IX. Prodigieuse multiplication des polypes microscopiques. — X. Loi de la nature, qui empêche une trop grande multiplication dans les espèces. — XI. Animalcules carnivores. — XII. Temps favorable pour observer la division des animalcules.

M. Baker, dans son livre intitulé *Le Microscope mis à la portée de tout le monde*, parle des animalcules innombrables qui habitent l'eau; il y fait mention d'une espèce découverte par Leuwenhoek dans la lentille de marais; elle est remarquable par de longues queues qui lui servent pour s'amarrer aux racines de cette plante, de même que par un trou comme une cloche qu'elle a dans la partie antérieure du corps, et par un mouvement intérieur qui allonge et raccourcit ces animalcules avec leurs queues quand ils le veulent. Ces particularités sont si analogues à celles de mes animalcules à bulbe que j'eus envie de chercher cette espèce d'animalcule qui m'était inconnue, afin de voir si elle se multiplierait par une division naturelle. J'éprouvai dans la découverte de ces animalcules ce qui arrive souvent, c'est que plus on cherche une chose, moins on réussit à la trouver et qu'elle se présente à l'observateur lorsqu'il y pense le moins. Quand je me donnai beaucoup de peine pour découvrir ces animalcules de Leuwenhoek, je ne pus parvenir à les voir, mais ils s'offrirent à moi quand je m'occupais de toute autre chose. J'observai quelques têtards sautillant autour des racines de la lentille de marais que j'avais mise dans un vase plein d'eau pour les nourrir; les rayons du soleil frappaient la masse de l'eau et laissaient voir distinctement les racines qui y étaient plongées; une d'elles se distinguait des autres par une légère tache d'une blancheur éclatante qui l'entourait vers le milieu de sa longueur. Cette singularité ne me fit d'abord aucune impression, mais je fus frappé de voir disparaître cette tache un moment après et de la voir reparaître ensuite : ce jeu de paraître et de disparaître me sembla s'exécuter périodiquement; je secouai doucement la petite racine, tandis que la tache était étendue sur elle; elle disparut alors aussitôt, mais la secousse ayant cessé de se faire sentir, la tache reparut. La bizarrerie du phénomène me rappela la lentille de marais; j'examinai de plus près la petite tache, et je vis avec plaisir qu'elle était un groupe des queues des animalcules dont j'ai parlé; il y en avait plus de 50. Chacun s'attachait par sa queue à l'extrémité de la racine de la lentille; ces animalcules ressemblaient aux animalcules à bulbe par leur faculté d'allonger et de contracter leurs corps et leurs queues, de former un tourbillon dans l'eau et de diriger à l'embouchure de leur trou ou de la cloche les corpuscules qui nageaient avec eux. Ils faisaient cela comme les premiers par le moyen de petits fils ou de petites pointes qui sortaient du bord de cette cloche. Mais comme cette espèce est beaucoup plus grosse que celle des animalcules à bulbe, les petites pointes et le tourbillon sont aussi proportionnellement plus grands. Quand la cloche était bien ouverte, ce qui arrivait lorsque l'animalcule s'était allongé, il me semblait que l'embouchure finissait dans le corps de l'animal par un petit trou central. Cette famille d'animalcules que j'avais transportée avec les racines de la lentille de marais dans un cristal de montre, afin de les observer plus à mon aise, y resta plusieurs jours sans qu'elle parût s'y être multipliée; enfin elle y périt, tous les animalcules s'effilèrent, ils perdirent le mouvement, de même que leurs fils et leurs queues.

Pour avoir une idée plus exacte de ces animalcules, je cherchai sur ces plantes d'autres animalcules semblables, mais ce fut inutilement. Six jours après, je vis une nouvelle tache formée autour de ces racines; j'ai dit *formée*, parce qu'elle ne l'était sûrement pas auparavant; cette tache était beaucoup plus grande que la première, les animalcules y abondaient aussi à proportion, ils exécutaient avec leurs queues leur jeu de s'allonger et de se contracter successivement, même lorsqu'on ne les touchait pas et quand l'eau était parfaitement tranquille, ce qui faisait augmenter ou diminuer la masse de la tache. Ne pouvant pas les voir tous renfermés dans le champ du microscope, à cause de leur prodigieux nombre, je fus obligé d'en ôter une partie avec des pinces et de réserver pour un autre examen une partie qui fût proportionnée à l'étendue de mon microscope. Ceci me fournit d'autres particularités : une des portions de cette tache représentait un arbre en miniature; il sortait de son tronc plusieurs branches, qui se divisaient en d'autres plus petites, et celles-ci en d'autres, et puis successivement encore en d'autres, dont la grandeur diminuait toujours; chacune de ces dernières portait à sa cîme un animalcule à cloche. La scène ne pouvait être ni plus bizarre, ni plus agréable; toutes les trois ou quatre secondes le tronc se contractait vers la racine de la lentille de marais à laquelle il était attaché, et dans un clin d'œil il tirait à soi toutes les branches, tous les rameaux et les animalcules, mais un moment après, l'arbre reparaissait dans son premier état avec ses branches et ses animaux. On doit comprendre aisément que sous ce nom d'*arbre* je n'entends point un végétal, il est clair par cette description qu'il ne saurait l'être; mais je veux parler d'un *animal complet*, qui ne pourrait être mieux représenté que sous la forme d'un arbre. Comme chaque animal formait son tourbillon et que le nombre des animaux surpassait celui de cent, ils formaient de même autant de tourbillons dans le même temps, ce qui me donnait un spectacle aussi curieux qu'intéressant, surtout quand il était vu avec un microscope solaire, qui agrandit beaucoup chaque tourbillon.

Je séparai l'arbrisseau de la racine de la lentille de marais en coupant son tronc: alors je changeai la scène, mais elle n'en devint pas moins agréable; les animaux, les branches, les rameaux ne se rapprochaient plus de la tige, mais la tige, les branches, les rameaux étaient entraînés inopinément autour des animaux, et dans ce moment tous les tourbillons disparaissaient. Au milieu de ces alternatives, les animaux détachés de leur tronc nageaient lentement au travers de la liqueur, tirant à eux la plante et ses branches. Pendant que ce mouvement commun s'exécutait et qu'il entraînait tout, différentes parties de la plante continuaient à s'approcher et à s'éloigner tour à tour des animalcules.

Ayant ainsi laissé la plante dans le cristal, je la visitai le lendemain : tout était dans le même état et avec cette différence qu'au lieu de voir comme auparavant sortir un seul animalcule de la cîme de chaque rameau, on en voyait sortir deux plus petits, et ces animalcules qui étaient encore seuls, étaient marqués longitudinalement par un sillon très fin. Cette nouveauté m'engagea à suivre ces objets; je m'aperçus bientôt que ce léger sillon était un indice d'une division commencée, aussi chacun d'eux commença alors à se diviser en deux animalcules, de manière que bientôt chacun d'eux fut doublé. Ceci me fit comprendre le phénomène que ces animaux m'avaient offert, lorsque leur nombre m'avait paru doublé; les multiplications produitee par ces animalcules divisés furent très nombreuses. Je ne saurais dire si le commencement des branches où ces animalcules sont attachés se divise comme eux en deux, je n'ai pas fait pour cela des observations suffisantes. Je dirai bien que ces animalcules, qui étaient d'abord après la division deux à deux et qui se touchaient, furent après la moitié d'un jour tout à fait séparés et avaient acquis toute leur grandeur. Je dirai encore qu'on vit pousser deux nouveaux rameaux de chaque rameau ancien, et que les animaux reproduits s'étaient implantés à leurs sommités. Ces animaux, après avoir pris leur accroissement, se divisèrent après cela comme leurs pères et restèrent implantés sur de nouvelles tiges, de sorte que la multiplication des rameaux fut en raison de celle des animalcules, et cette double multiplication se répéta de la même manière durant plusieurs jours.

Pendant cette multiplication des animalcules, l'arbrisseau avait tellement étendu ses branches que son périmètre était devenu triple; la tige et les gros rameaux s'étaient grossis dans la même proportion, mais la mort des animalcules causa celle de la plante. Les animalcules commencèrent à se séparer des rameaux, comme les fruits se séparent de l'arbre, et à mesure qu'ils s'en séparaient ils perdaient la faculté de se mouvoir; on n'apercevait plus les mouvements d'allongement et de contraction, on ne voyait plus les vibrations des fils qui sortaient des bords de la cloche ou de la bouche de l'animal; il n'y avait plus par conséquent de tourbillon, ils avaient perdu toute apparence de vitalité; peu après chacun de ces animalcules perdit la figure et se détruisit, l'arbre se conserva jusqu'à ce qu'il eût perdu ses animalcules. On peut dire alors qu'il ne vécut ou ne végéta plus, on n'y aperçut qu'un indice équivoque d'un mouvement propre ou interne. Tels furent les événements qu'éprouva la moitié de cette tache transportée de l'infusion de la lentille de marais dans un cristal.

Après avoir acquis ces connaissances, il me fut aisé de voir la génération de ces *animaux-arbres*. Quoique les animalcules à cloche meurent pour l'ordinaire là où ils sont nés et où ils ont crû, c'est-à-dire sur la cîme de leurs rameaux, ou du moins presque au moment qu'ils en sont détachés, il n'est cependant pas rare d'en voir quelques-uns nager dans l'eau, mais ils sont toujours adhérents à leur tige, puisque nous l'appelons ainsi. S'ils touchent par hasard avec cette tige une petite racine de lentille, ils s'y attachent d'abord et ils donnent naissance à un arbre qui porte autant d'animalcules à cloche qu'il a de petits rameaux. L'animal, attaché à cette racine par sa tige, se divise bientôt en deux, puis en quatre, puis en huit, en seize et en trente-deux, etc. Pendant que ces divisions se succèdent ou que les animalcules se multiplient, les développements de l'arbre se multiplient avec eux; le nombre des branches et des rameaux qui supportent les animalcules à leur cîme s'accroît. Toutes ces branches et tous ces rameaux partent immédiatement ou médiatement de la tige attachée à la racine de la lentille aquatique, qui est déjà beaucoup grossie et fort allongée; cette tige originale est véritablement le tronc de cet arbre microscopique. Ces animalcules, qui vivent et se multiplient lorsqu'ils sont attachés aux racines de la lentille aquatique, se nichent aussi sur d'autres corps, comme sur de petites épines, de petits fragments de bois, de feuilles d'herbes; on en voit même sur les parois des vases lorsqu'ils restent toujours dans l'eau.

Cette espèce d'animalcules, dont Leuwenhoek n'aurait jamais deviné les moyens de reproduction, et qui était inconnue à Baker, est un polype fort analogue à ceux que M. Trembley appelle *polypes à masse.* Cette ressemblance est manifeste, quand on compare ces phénomènes avec ceux que décrit M. Trembley, lorsqu'il parle particulièrement de cette espèce, que M. Bonnet appelle *polypes à pennaches*; ceux-ci sont non seulement rassemblés comme des champignons dans l'eau des ruisseaux, formés en une cloche, propres à produire un tourbillon qui attire vers la bouche de l'animal les corpuscules dont ils se nourrissent et à se multiplier par une division longitudinale, ils sont encore attachés à de petits rameaux, et ces petits rameaux à de plus grands, et ces grands à une tige commune. Les petits rameaux, les grands rameaux et la tige elle-même ont ce mouvement très remarquable d'allongement et de contraction, mais ces animalcules diffèrent des polypes de M. Trembley, parce que les derniers produisent le tourbillon, non par le moyen des petites pointes dont ils sont privés, mais par le mouvement des bords de la cloche, parce qu'ils perdent la forme d'une cloche avant la division et qu'ils acquièrent celle d'un corpuscule arrondi; parce qu'ils ne sont pas doués de ce mouvement alternatif d'allongement et de contraction; qu'ils se divisent inégalement en deux, que dans la division le tourbillon cesse, et parce qu'enfin ces mouvements d'allongement et de contraction dans les rameaux ne sont pas naturels et périodiques comme dans les rameaux de nos animalcules, mais forcés et accidentels, étant formés par l'agitation de l'eau.

Les divisions longitudinales dont j'ai parlé dans ce chapitre et dans le précédent, ont toutes commencé par la partie antérieure de l'animalcule, c'est-à-dire par celle qui est devant lorsque l'animal marche, et dans laquelle on voit chez plusieurs l'ouverture de la bouche, comme on peut l'observer dans les figures. Mais dans les autres animalcules, la division longitudinale commence à se faire dans la partie opposée ou postérieure. J'ai fait trop tard cette observation, je n'avais plus alors mon dessinateur pour faire représenter ces animalcules, ceci me force à me contenter de les décrire. Une de leurs espèces ressemble fort en petit à un oursin ou à un hérisson de mer; la forme de cet animalcule est sphérique, la surface de son corps est hérissée de pointes longues et pointues, on distingue la partie antérieure de l'inférieure, parce que la première va devant et forme le tourbillon en dardant les épines, tandis que la seconde est derrière; le reste des pointes est dans une continuelle agitation, au moyen de laquelle l'animal va où il veut. L'autre espèce ressemble à un segment de sphère, ou plutôt à un hémisphère tout couvert de pointes, dont les unes servent de nageoires, ce sont celles qui se trouvent dans la partie concave; d'autres forment le tourbillon, et celles-là partent de la section ou du plan de l'hémisphère, qui est toujours la partie antérieure de l'animalcule. Ainsi les unes et les autres sont séparées et leur séparation paraît raser le corps de l'animal, qui est maître de remuer le nombre de pointes qu'il veut; il paraît même que son agilité ou sa lenteur, de même que la grandeur de son tourbillon, sont d'autant plus considérables qu'il meut un nombre plus grand de ses pointes. Ces deux espèces d'animalcules qui habitent la tremelle et qui sont d'une grandeur colossale, relativement à tant d'autres espèces, se divisent encore dans leur longueur; mais la division commence par la partie postérieure du corps. J'aperçus cependant, comme à l'ordinaire, une très légère fente qui s'étendait toujours davantage sur le corps de l'animalcule à mesure qu'il s'élargissait, jusqu'à ce qu'il restât séparé et divisé en deux parties égales. Ces deux parties, avant la fin de la division, ne sont pas seulement deux moitiés d'animalcules, comme il serait facile de l'imaginer, mais deux animalcules complets, égaux pour la grandeur au tout, dont ils sont des parties; dans le temps de la division le tourbillon ne cesse pas, et pendant que cette division s'opère, les petites pointes sortent de la partie fendue, elles grossissent, s'allongent peu à peu et paraissent bientôt semblables aux vieilles; lorsque la division est achevée les deux animalcules sont deux oursins complets et bien formés de la première espèce dont je viens de parler, et l'autre offre deux hémisphères armés de pointes pour la seconde espèce. Cette division demande assez de temps avant d'être finie.

Entre les espèces qui se divisent longitudinalement, celles-ci m'ont paru les plus singulières, et j'ai cru devoir entrer dans quelque détail pour les faire connaître. J'en passerai sous silence un très grand nombre d'autres qui se multiplient de la même manière, et qui méritent moins d'être décrites, afin de pouvoir raconter encore d'autres moyens extraordinaires de multiplication qui s'opèrent dans nos animalcules par la division de leur corps. Quand on observe une infusion de tremelle, on voit souvent ce phénomène : deux petites boules attachées ensemble par plusieurs points continus nagent ensemble rapidement dans le fluide avec des directions irrégulières. Je ne crois pas me tromper en pensant que les deux boules sont un animalcule sur le point de se diviser ; cette croyance est fondée, mais on se tromperait bien si l'on voulait prévoir la manière dont s'opère cette division, en la jugeant par la connaissance qu'on a de la division des autres animalcules ; on pourrait soupçonner que celle-ci est à peine commencée et qu'elle croîtra d'autant plus que l'étranglement augmentera jusqu'à ce que les animalcules restent attachés par un point, mais cela ne se fait point ainsi ; dans un clin d'œil une boule est séparée de l'autre, malgré cette forte adhésion qu'il paraissait y avoir entre elles. Lorsque chacune a acquis la grandeur du tout, elles restent alors légèrement étranglées et elles donnent naissance à deux petites boules semblables aux premières, qui se séparent aussi à leur tour dans un instant et de la même manière.

J'ai vu plusieurs groupes différents de corpuscules grossièrement arrondis qui tournaient souvent dans les infusions végétales ; quelquefois le groupe est composé de quatre animalcules distincts, et quelquefois de cinq ou davantage; ces corpuscules diffèrent pour l'ordinaire par leur grandeur, suivant la diversité des groupes. On ne peut douter que ces groupes ne soient de vrais animalcules; ils en ont tous les caractères. Mais comment se reproduisent-ils? Les corpuscules se séparent du groupe l'un après l'autre, et il se trouve alors divisé en autant de portions qu'il y avait de corpuscules; ceux-ci courent dans l'infusion avec une vitesse beaucoup plus grande que le groupe dont ils sont des parties.

On pourrait m'objecter ce que je me suis objecté à moi-même, c'est que ces groupes ne sont peut-être que des animalcules rassemblés en un par hasard ou à dessein, qui se séparent au bout d'un certain temps, et qui donnent ainsi naissance à ces divisions apparentes. Pour voir donc si l'objection était fondée, j'ai fait une expérience décisive. J'ai isolé ces corpuscules animés. J'en confinai un dans un cristal, au moment qu'il se fut séparé du groupe, mais les corpuscules solitaires grossirent bientôt; et quand ils eurent pris la grosseur du groupe dont ils étaient sortis, on vit plusieurs parties sillonnées de leur corps qui se changèrent peu à peu en un groupe nouveau semblable à l'ancien; ce nouveau groupe se décomposa lui-même en d'autres corpuscules ou animalcules, qui égalèrent bientôt en masse et en nombre ceux en qui le vieux groupe s'était décomposé. Je fis cette expérience sur trois groupes différents et j'eus les mêmes résultats; il ne restait donc plus qu'à conclure que c'était une nouvelle manière d'une réelle division.

Mais la multiplication la plus surprenante et la plus extraordinaire que j'aie observée est celle de quelques globes animés, qui se roulent comme des pelotons dans les infusions de lentille aquatique ; on peut les apercevoir sans microscope. Ils sont extérieurement couverts de tumeurs ; ces tumeurs sont formées par plusieurs animalcules mis l'un sur l'autre qui cherchent à se mettre en liberté. Imaginez un corps presque rond, formé de couches concentriques, dont chacune est un aggrégat de petits animaux, vous aurez une idée sensible de ces globes. Les animalcules qui composent la couche extérieure ou la première, se séparent de cette espèce de sphère et nagent dans l'infusion; alors la seconde couche commence à se découvrir, on y voit les mêmes animalcules qui, lorsque les premiers sont tous sortis de leurs retraites, se séparent eux-mêmes de cette masse et laissent apercevoir la troisième. Il en est de même des couches inférieures jusqu'à la dernière, de manière que le globe entier reste décomposé depuis sa circonférence jusqu'à son centre et qu'il forme une fourmilière d'animalcules. J'ai dit que le globe composant n'avait d'autres mouvements que celui de se rouler sur lui-même dans le fluide, mais les animalcules qu'il produit sont de la plus grande agilité, et leur nombre est si considérable qu'il est impossible de les compter; mon expression est au-dessous de la vérité quand je dis que chaque globe en produit une centaine.

J'ai eu des preuves complètes pour détruire un soupçon qu'il était facile de former. On pouvait croire que ces globes étaient un résultat de plusieurs animalcules auparavant séparés et ensuite réunis. Pendant que les couches de ces globes se décomposaient, je m'emparai de quelques-uns de ces animalcules, je les isolai subitement; au commencement de l'isolement, chacun n'égalait pas en volume la centième partie du globe, mais chacun l'égala au bout de trois ou quatre jours; à mesure que les animalcules isolés grossissaient, ils allaient plus lentement; lorsqu'ils avaient acquis leur accroissement ou quand ils étaient devenus globes complets, ils se roulaient seulement suivant l'allure ordinaire à ces globes. La surface de leur couche extérieure était d'abord polie, mais elle devenait ensuite inégale et chargée de tumeurs; ces tumeurs étaient autant d'animalcules distincts qui, après s'être ensuite séparés du globe primitif, nageaient dans le fluide. Les animalcules de la seconde couche en firent autant, de même que les animalcules des couches consécutives, jusqu'à ce que le globe fut entièrement décomposé; je répétai ces expériences sur sept animalcules qui me furent fournis par diverses couches, et chacun des sept forma son globe.

Telles sont les diverses manières de se reproduire que j'ai observées parmi les animalcules, qui se propagent en se divisant de diverses façons, et que j'ai décrites jusqu'ici. Ces espèces sont au fond autant de polypes, que j'appellerai *des infusions*, ou encore mieux *microscopiques*, afin d'employer une signification plus générale, car leur règne n'est pas restreint dans les bornes étroites des infusions; j'ai observé dans divers temps avec une lentille l'eau des fossés, des fumiers, des étangs, des marais, des mares, celle des fontaines, des neiges fondues, des pluies, les eaux thermales et médicinales, soit des montagnes, soit des plaines, et je puis assurer les avoir trouvées toutes plus ou moins remplies de cette qualité infiniment variée de petits polypes. Si leur multitude est telle qu'une goutte de liqueur en contienne une centaine et même des millions, comme l'expérience l'apprend, chacun voit le nombre prodigieusement immense que toutes les eaux éparses sur la surface du globe doivent en renfermer dans leur sein [1]. Je dois cependant avertir que ces divers ordres de créatures infiniment petites ont certains temps donnés pour croître et pour décroître. Afin que les espèces ne multipliassent pas trop, et que leur nombre excessif ne dérangeât pas l'équilibre qu'il doit y avoir entre les parties du monde vivant, la nature a fait très sagement en sorte que lorsqu'une espèce d'animalcules devient très nombreuse, alors la plus grande partie de ces individus périt, soit que leur mort soit occasionnée par une maladie ou par une mort violente produite par la voracité des autres animalcules qui se nourrissent aux dépens de cette espèce; car c'est une loi perpétuelle et inviolable entre les animaux, que l'un vive aux dépens de l'autre et que la destruction d'une espèce en conserve une autre. La même loi de conservation et de destruction règne sur nos animalcules : cette infusion qui regorge aujourd'hui d'une espèce d'animalcules n'en aura presque plus dans quelques jours, et quoique plusieurs périssent par une mort naturelle, plusieurs autres cependant deviennent la proie des animalcules des infusions qui sont plus

(1) Ce nombre croîtra immensément, si l'on joint aux polypes microscopiques des eaux douces ceux de l'eau salée de la mer; car, comme M. Muller l'a observé, la mer est aussi remplie de ces animalcules qui lui sont propres.

gros. M. l'abbé Corti en a observé quelques-uns avant moi qui se faisaient une guerre atroce. L'on connaît la manière ingénieuse employée par ce cétacé, que les peuples du Nord appellent la grande baleine, pour prendre les harengs : après avoir enfermé dans quelques endroits propres à cela une grande multitude de ces petits poissons, elle donne un coup de sa queue de telle façon qu'elle occasionne un tourbillon d'une très grande étendue et d'une très grande rapidité qui entraîne les harengs vers elle; ce monstre marin présente au courant vertigineux une grande bouche et un gosier profond, où les harengs se précipitent en foule et qu'ils remplissent bientôt. Les animalcules carnivores dont je parlais savent aussi produire un tourbillon dans le fluide où ils nagent par le moyen de leurs fils vibrants, mais ils n'ont pas besoin de renfermer les animalcules dont ils se nourrissent dans quelque lieu pour s'en emparer. Si l'infusion en renferme beaucoup, ils n'ont qu'à tenir la bouche ouverte et prête à les engloutir partout où ils en trouveront en abondance, et s'il n'y en a pas beaucoup, ils savent les suivre à la piste et s'en emparer. Ils s'en rassasient alors au point d'être très pleins et d'en paraître beaucoup plus gros et plus corpulents; alors ils ne songent même plus à chasser, ils deviennent très paresseux; tandis que si on les fait jeûner en les tenant quelque temps dans l'eau distillée, ils sont pleins de vivacité et ils ne songent qu'à dévorer les petits animalcules qu'on leur présente. Ceux-ci étant transparents, laissent voir dans l'intérieur de leur corps les animalcules qu'ils ont dévorés et qui ne cessent pas même d'y bouger quoiqu'ils soient engloutis.

Tous ces genres de divisions que j'ai décrites jusqu'à présent peuvent s'observer dans toutes les saisons, même dans la plus froide et la plus rude. On ne peut cependant pas nier que la chaleur ne favorise beaucoup leur multiplication et que le froid ne la retarde, de manière qu'il semble qu'on peut établir que le temps nécessaire pour la division des animalcules est à peu près proportionné à la chaleur de l'atmosphère. Dans la rigueur de l'hiver, ils ont besoin de plusieurs heures pour cette opération ; au printemps et en automne elle s'exécute plus tôt, et en été, surtout dans les grandes chaleurs, elle se fait très promptement. Un quart d'heure suffit alors quelquefois pour qu'elle s'achève entièrement. C'est pour cela que les infusions d'été sont beaucoup plus peuplées que celles de l'hiver.

Ceux qui souhaiteront faire ces observations curieuses sur la multiplication des animalcules par division, et qui craindront d'avoir trop longtemps l'œil fixé sur leur microscope, doivent préférer l'été, à moins qu'ils ne veuillent recourir pendant l'hiver à la chaleur d'une étuve, qui produit le même effet, comme mes expériences me l'ont prouvé.

CHAPITRE XI

I. Plusieurs espèces d'animalcules sont ovipares. — II. Quelques espèces sont vivipares. — III. Toutes les espèces dans le sens le plus étroit sont hermaphrodites. — IV. Les conséquences générales de ces observations sont défavorables aux systèmes sur la génération de MM. Needham et Buffon. — V. Réflexions sur les forces plastiques. — VI. L'origine des animalcules, qu'on observe dès le commencement dans les infusions, est due à de petits germes qui s'y développent. — VII. Les observations rapportées expliquent heureusement quelques phénomènes. — VIII. Les germes des animalcules qu'on observe dans les infusions viennent surtout de l'air.

J'ai souvent observé dans mes recherches microscopiques, que plusieurs races d'animalcules se multiplient beaucoup dans très peu de temps sans donner le moindre signe de division. Comment donc se multiplient-elles? Dirai-je que c'est par une division instantanée, qui ne frappe pas aisément les yeux, ou bien qu'elle s'opère autrement ? L'expérience, qui est le seul moyen de dissiper les doutes, m'a appris que cette propagation s'opérait quelquefois par des œufs et d'autres fois par de petits fœtus, de sorte que plusieurs espèces de ces animalcules sont ovipares et quelques-unes vivipares. Mais une telle affirmation ne décide rien, si elle n'est pas appuyée par des preuves concluantes. Le lecteur doit souhaiter avec d'autant plus d'ardeur qu'on lui démontre cette assertion qui est manifestement contredite par MM. de Needham et de Buffon, qui excluent entièrement des infusions la génération univoque. Il est donc important de descendre dans les détails les plus circonstanciés, en travaillant cependant à être court autant qu'il sera possible.

On trouve une de ces espèces ovipares dans les infusions de riz; la taille des animalcules qu'elles renferment est une des plus grandes entre tous les animalcules; sa forme ressemble à un haricot, à l'exception qu'une de ses extrémités se courbe comme un bec fort aigu. Je vis d'abord la prodigieuse multiplication de cette espèce, sans découvrir comment elle s'opérait; je pensai pouvoir réussir à la pénétrer par l'isolement. C'est une ressource bien utile dans une foule d'occasions. Je mis donc un de ces animalcules dans les cristaux ordinaires avec une petite portion d'infusion, que j'avais fait bouillir longtemps pour être sûr qu'il n'y avait point d'animalcules. Au bout de sept heures, l'animalcule n'était plus seul, il avait un compagnon; ce nouvel hôte était si semblable au premier qu'on ne pouvait les distinguer: je n'avais aucune raison pour soupçonner que l'animalcule vînt du dehors ou qu'il fût produit par l'infusion. Quand j'isolai l'animalcule, je mis dans sept autres cristaux une égale portion de l'infusion bouillie, et je fis ceci pour comparer les événements qui se passeraient dans les cristaux, où il n'y avait point d'animalcules, avec ceux qui se passeraient dans les cristaux où l'on en avait mis un; mais il ne parut point d'animalcules, ni d'une espèce, ni d'une autre, dans aucun de ces cristaux. Je me crus donc fondé à croire que le premier animalcule avait été la cause de la naissance du second. Mais ceci pouvait être arrivé de diverses manières; ou parce que cet animalcule l'avait engendré vivant, ou parce qu'il avait pondu un œuf, d'où le second était sorti, ou parce qu'il se serait divisé lui-même en deux. Je compris donc que pour savoir ceci exactement, il fallait visiter plus souvent le cristal; je l'observai donc une demi-heure après et j'y découvris quelque chose de nouveau, c'est-à-dire deux petites boules situées au fond du cristal, dont l'une avait la forme oblongue : cette dernière s'agitait de temps en temps, et en s'agitant elle changeait de lieu. Cette alternative d'agitation et de repos dura une heure et un tiers; ensuite le mouvement qui se faisait en elle fut plus fréquent, il devint même tout à fait local, la boule se mit à nager lentement dans le fluide; après quelque temps la vitesse de la petite boule allongée égalait déjà celle des deux animalcules. Ce signe et la grandeur égale de chacun des deux animalcules, la pointe recourbée qu'ils avaient, leur substance vésiculaire qui était la même, me firent clairement voir qu'ils étaient des animalcules de la même nature des deux autres qui s'étaient développés par degrés et qui étaient devenus très actifs. Pendant que la petite boule allongée me montrait ces phénomènes, la ronde m'en faisait observer d'autres; elle renfermait au dedans d'elle une sphérule plus petite qui était difficile à voir, et que je n'aurais peut-être pas aperçue, si elle n'avait pas eu un mouvement qui la faisait tourner doucement sur elle-même, pendant que la petite boule qui lui servait d'un léger étui était tranquille. Après plusieurs tours l'étui se déchira, et la sphérule qu'il contenait en sortit; l'étui devint alors un corps froncé et plissé. La sphérule s'allongea, elle s'effila par un bout pour former le bec recourbé, elle se mit à nager dans la liqueur et prit tous les caractères d'un animalcule semblable à l'autre. L'origine de ces animalcules paraissait donc venir de l'œuf présenté par cet étui ou cette enveloppe.

Mais il fallait appuyer cette conjecture par des preuves ultérieures et plus décisives, afin de la changer en une vérité solide. Tel était l'état du cristal le soir du 15 juin et le lendemain, il y avait plus de quarante-cinq animalcules semblables en tout au premier qui avait été isolé; on voyait aussi sur le fond plusieurs boules semblables aux autres, c'est-à-dire en parties rondes, en parties oblongues : les premières étaient plus petites, les autres plus grosses; mais ayant surtout fixé mes yeux sur les rondes, je vis que les plus grosses ne s'allongeaient point, comme la boule dont j'ai parlé, mais qu'elles éclataient l'une après l'autre, et qu'il en sortait autant d'animalcules d'abord engourdis et mal formés, mais qui prenaient ensuite leur figure et leur mouvement; j'observai la même chose dans les plus petites, quand elles eurent acquis toute leur grandeur. Il n'y avait plus aucun doute : ces corps ronds étaient des œufs; mais il restait à éclaircir s'ils étaient pondus par les animalcules, comme cela paraissait très vraisemblable. Pour en être parfaitement convaincu, il fallait voir sortir l'œuf du corps de l'animalcule, ce qui semblait difficile à observer, non seulement à cause de la course rapide de ces animalcules, mais encore parce qu'à chaque instant ils s'échappaient de dessous le champ du microscope, parce que la liqueur où ils nageaient était fort abondante. Le meilleur parti que j'avais à prendre était d'en confiner quelques-uns dans un peu d'eau, de manière qu'ils fussent toujours sous les yeux armés du microscope; c'est ce que je fis, et le succès répondit plus vite à mes désirs que je ne l'avais espéré, puisqu'après les avoir ainsi confinés à peine pendant un quart d'heure, un d'eux accoucha sous mes yeux d'un corpuscule rond ressemblant à ceux dont j'ai parlé : ce corpuscule s'ouvrit ensuite et donna le jour à un animalcule semblable à ceux que j'avais vus. Il fut comme eux d'abord rond, puis oblong, ensuite effilé et terminé par un bec recourbé, enfin il nagea dans le cristal, de sorte que tout se passa précisément chez eux comme dans les autres; je vis pondre encore d'autres œufs d'une manière semblable, et j'en comptais jusqu'à onze qui sortaient successivement de la partie postérieure des animalcules isolés; ceux-ci donnèrent le jour à un nombre égal d'animalcules et j'en aurais sûrement compté davantage, si ces observations qui sont très fines n'avaient pas fatigué ma patience. Il reste donc évidemment prouvé que la race de ces animalcules est ovipare, et que les œufs sont le moyen par lequel ils se multiplient.

Ce détail circonstancié m'en épargne d'autres que j'aurais dû faire pour plusieurs autres espèces qui sont aussi ovipares; mais j'assurerai seulement le lecteur que j'ai pratiqué scrupuleusement la méthode que je viens d'indiquer, et que j'ai vu chacune de ces espèces pondre des œufs qui donnaient naissance à des animalcules semblables à leurs mères. Les infusions de graines de raifort, de camomille, de fèves, de blé sarrasin, de blé rouge renferment ordinairement quelques-uns de ces animalcules; ils ont une forme ronde ou cylindrique.

Je parlerai à présent des animalcules qui sont vivipares; j'en ai trouvé deux espèces qui sont toutes deux carnivores. Les animalcules qu'ils engloutissent par le moyen d'un grand tourbillon qu'ils forment pour les entraîner dans leur bouche passent, comme on le voit distinctement, dans leur œsophage, ils entrent ensuite dans un petit sac pour aller dans un plus grand, qui apparemment leur tient lieu d'estomac. Chacun de ces animalcules a une longue queue dont l'extrémité se divise en deux, il s'en sert pour s'attacher aux corps circonvoisins; des deux côtés de la queue de ces animalcules on voit dans chacun deux corps ovales, au-dessus de ceux-ci on en observe deux autres plus petits qui ressemblent à deux petites feuilles étroites. Il est très naturel d'imaginer que ces quatre corps sont des parties intégrantes de l'animalcule; ceux qui ressemblent à des feuilles en sont véritablement, mais les deux autres sont de vrais animalcules. On les voit non seulement se mouvoir, mais encore, si on les observe avec une forte lentille et si l'on y fixe bien ses regards, on s'aperçoit qu'ils sont des animalcules vivants, semblables au gros auquel ils sont attachés, mais retirés et amoncelés en eux-même; en ne les perdant pas de vue, on les voit peu à peu se développer, quitter leur mère et nager. L'opacité de cette espèce d'animalcules ne m'a pas laissé discerner les fœtus avant qu'ils sortissent du corps de leur mère; seulement, lorsque l'animalcule était venu en maturité, on lui voyait deux petits, là où la queue s'implante au ventre. Je n'en ai jamais découvert que deux dans chacun de ces animalcules, quoique j'en aie observé une foule; j'en ai à la vérité vu trois attachés de la même manière dans d'autres animalcules, mais je les ai jugés d'une espèce différente, parce qu'ils avaient quelque différence intérieure. Ces deux sortes d'animalcules ont coutume d'habiter la tremelle des fossés.

Mais ces animalcules que j'ai trouvé ovipares et vivipares ont-ils besoin de s'accoupler pour propager leur espèce? Si je disais en avoir vu deux une seule fois véritablement accouplés depuis que j'étudie les infusions, je dirais une chose absolument contraire à la vérité; cependant, solidement attaché aux principes d'une logique rigoureuse dont le naturaliste ne doit jamais s'écarter, je ne tirerai pas de ceci la conclusion qu'ils ne s'accouplent point, parce que l'accouplement pourrait être instantané et se soustraire à l'œil de l'observateur : tel est l'accouplement de quelques animaux. Il serait possible encore, en parlant des animalcules ovipares, que leurs œufs fussent fécondés après leur sortie du corps de la mère, comme ceux des grenouilles et des crapauds. Il fallait donc avoir un fait qui exclût toute espèce de possibilité contraire; ce fait est le suivant. Ayant pris un des œufs pondus par les animalcules, je le plaçai seul dans un cristal de montre; alors il devait arriver que l'animalcule né de cet œuf pondrait un œuf qui serait fécond ou stérile; s'il était fécond, on devait conclure que l'accouplement n'était pas nécessaire; s'il était stérile, on pouvait affirmer qu'il fallait plus d'un individu pour la propagation de l'espèce, d'où il résulterait que l'accouplement était nécessaire; mais j'observai qu'il y eut autant d'animalcules que d'œufs pondus par cet animalcule isolé, et j'ai vérifié ces observations sur toutes les espèces que j'ai mises en expérience.

Je fis subir le même isolement aux animalcules vivipares, en isolant un à un plusieurs petits lorsqu'ils n'étaient pas encore entièrement développés, et qu'ils restaient attachés extérieurement au corps de leurs mères; j'observai cette précaution, afin qu'on ne pût pas imaginer qu'il y eût quelque commerce entre eux. Cependant, il est arrivé qu'au bout du temps nécessaire pour exécuter cette opération, chacun des animalcules isolés est devenu père de deux animalcules, s'il s'agit des animalcules de la première espèce dont j'ai déjà parlé, et de trois, s'il est question des animalcules de la seconde. Ces petits en produisirent ensuite d'autres.

Ces deux genres d'animalcules ovipares et vivipares sont donc hermaphrodites à toute rigueur, car ayant prouvé que les animalcules qui se multiplient par division se multiplient de même quoiqu'ils soient isolés, j'ai cru pouvoir en conclure que le rigoureux hermaphroditisme, qui était d'abord restreint à un nombre d'espèces, s'étendait ensuite considérablement dans le monde animé.

En combinant tout ce que j'ai dit sur l'origine de nos animalcules, je vois clairement que MM. de

Buffon et de Needham se sont trompés en appuyant leurs systèmes pour expliquer la génération, le premier en partie et l'autre en entier, sur les phénomènes des animalcules. M. de Needham attribuait leur origine à la métamorphose de la matière végétante en animalcules, et M. de Buffon à l'association de ses chères molécules organiques, qu'il croyait non seulement avoir retrouvées dans le sperme des animaux, mais encore dans les infusions végétales. Tous les deux recourent ensuite à une force active ou végétatrice pour expliquer ces métamorphoses; mais elle n'est substantiellement que la vertu plastique des Anciens. Ayant découvert l'origine de nos animalcules, qui est entièrement différente de celle que ces deux auteurs leur assignent, il résulte de là qu'un des plus forts arguments de M. de Buffon est anéanti et que les idées de M. de Needham sont entièrement ruinées, quoiqu'elles occupent un volume de physique animale et de métaphysique, que l'auteur aurait pu s'épargner la peine de composer et de publier, s'il avait voulu interroger la Nature et être plus attentif à ses infaillibles réponses qu'aux idées qui lui étaient suggérées par son système.

Cette origine démontre encore l'inutilité de recourir aux forces actives ou plastiques qui ont été déjà dissipées par une foule d'arguments solides, de manière qu'il ne leur est rien resté de solide que leur nom. Il suffit de lire les Rhedi, Malpighi, Vallisnieri, les Réaumur, les Bonnet pour en être entièrement convaincu. Je me suis souvent étonné comment les partisans de ces forces occultes n'ont pas comparé leur système avec celui de la préexistence des germes, quoique cette comparaison dût se présenter naturellement à leur esprit et leur faire voir combien leur cause était mauvaise. Après leurs fatigues et leurs efforts pour prouver que ces qualités mystérieuses président à la formation des deux règnes, le végétal et l'animal, ils n'ont pu parvenir à démontrer physiquement cette étonnante vérité qu'une seule plante, même la plus vile, qu'un seul insecte, même le plus méprisé, fussent leur ouvrage; au contraire, les défenseurs de la préexistence des germes montrent, par des faits si nombreux et si concluants, la vérité de leur système, qu'il semble enseigné par la voix universelle de la Nature, et ce système reçoit une nouvelle lumière et de nouvelles forces par les progrès qu'on a faits dans l'art d'observer et de consulter la Nature, de même que par l'augmentation des observateurs et par la perfection de leur sagacité et de leur industrie en observant. Il y a plus, on a trouvé encore que ces plantes et ces animaux, dont on attribuait la formation aux forces plastiques, tiraient leur origine de la semence paternelle ou de quelque principe analogue, et celle des animalcules s'est heureusement dévoilée à moi par un exemple frappant; mais une profonde méditation sur cette comparaison aurait coûté trop cher à l'Epigénèse, et ce n'est pas la première fois qu'un secret intérêt pour quelque hypothèse favorite a fait sacrifier des avantages réels.

Cette découverte sur l'origine des animalcules est propre à éclaircir une question difficile sur les premiers habitants des infusions. Il est important de la mettre sous les yeux. Qu'on fasse une de ces infusions qui après un certain temps regorgent d'animalcules; qu'on prenne tous les soins possibles pour qu'il n'y ait aucun animalcule qui y soit resté caché; qu'afin d'en être plus assuré on la fasse bouillir pendant plusieurs heures; je demande comment est-ce que les animalcules, fondateurs et chefs de la future peuplade, y sont venus? Je ne sais voir que deux moyens : ou il faut dire que ces animalcules préexistaient à l'infusion ou qu'ils y sont mêlés, ou qu'ils y sont arrivés par le moyen des germes. Je ne puis pas embrasser le premier parti, car si les premiers habitants de cette infusion lui avaient préexisté, il faudrait donc qu'ils ne mourussent pas chaque fois qu'ils sont hors des fluides, ou du moins qu'ils ressuscitassent dès qu'ils y rentrent, comme il arrive au rotifère et à d'autres animaux (1). Mais une foule d'expériences m'ont appris qu'après avoir fait évaporer les infusions leurs habitants ont péri, sans espoir de les voir de nouveau retourner à la vie (2). Il faut donc recourir au second moyen, c'est-à-dire à quelque germe, ou petit œuf, qui passe de l'air dans l'infusion et qui devient le principe et la source de ce peuple nombreux. Cette conséquence acquiert d'autant plus

(1) Voyez mon opuscule intitulé *Observations et Expériences sur quelques animaux singuliers*, que l'observateur a le pouvoir de faire passer de la mort à la vie.

(2) M. Muller, après avoir rapporté les expériences de Wrisberg et celles qui sont détaillées dans ma Dissertation, dit qu'il a observé la même chose : « Decantatu infusoriorum vere de mortuorum (vibrionem » Anguilulam si excipias) in vitam reditus mihi sese nullo experi- » mento probabit, nec acutissimis observationibus Spallanzani et » Wrisberg successit, nec quomodo eadem reviviscant perspicio, quum » corpora plerorumque post exhalatam aquam rumpi et in moleculas » effiari manifeste video ».

de force et mérite d'autant plus de foi qu'elle est confirmée par les faits. J'ai laissé manquer de liqueur une foule d'œufs d'animalcules, de manière qu'ils ont été entièrement mis à sec; ils sont restés dans cet état pendant une dizaine de jours, je les ai ensuite remis dans leur liqueur natale; ils y ont non seulement repris leur vie assez vite, mais encore ils y sont éclos. Il ne saurait donc être difficile à concevoir comment on voit naître des animalcules dans ces infusions qui n'en avaient point d'abord, surtout si l'on considère que ces œufs sont richement répandus dans l'air et dans les autres corps terrestres. Ceci doit être nécessairement, si l'on fait attention à la multitude immense des animalcules qui peuplent les eaux du globe.

Mais toutes les liqueurs ne favorisent pas également le développement des œufs des animalcules : l'eau pure, par exemple, n'y est point propre; ce n'est même plus un mystère, on a observé constamment qu'il ne paraissait presque jamais aucun animalcule dans l'eau simple et à plus forte raison dans l'eau distillée. On sait d'ailleurs d'où ces animalcules viennent habiter les eaux où l'on a mis macérer des graines. Je n'ai point trouvé de fluide plus convenable à la naissance de ces œufs que les infusions, surtout quand les graines qui y sont renfermées commencent à se corrompre. Quoique la naissance des animalcules dans les infusions paraisse souvent des signes de corruption, elle ne prouve pas cependant que les matières végétales qui se décomposent commencent alors à passer de l'état végétal à celui d'animal, comme M. de Needham voulait le croire; elle indique seulement que la liqueur commence à prendre les qualités nécessaires au développement de ces œufs; car c'est la marche de la Nature que les œufs des animaux, comme les graines des plantes, ne se développent pas également partout ni dans toutes les circonstances, mais lorsqu'elles sont dans des lieux convenables et par le concours de certaines conditions déterminées.

J'ai particulièrement recherché dans mes observations, si les animalcules variaient spécifiquement en raison de la différence des graines végétales, de manière que chaque graine eût déterminément les siens, mais je n'a rien trouvé de constant; il est vrai que je n'ai souvent trouvé certaines espèces animales que dans certaines espèces de végétaux, souvent aussi j'ai vu arriver le contraire. Je dirai encore que les animalcules de la même infusion varient souvent dans des temps et dans des lieux différents, et même que cette variété n'est pas rare dans deux infusions de la même graine, issue de la même plante, faites dans le même temps et placées de la même manière. Tout ceci s'accorde bien avec la prodigieuse variété des œufs des animalcules répandus dans l'air, qui tombent partout sans observer aucune loi.

Si l'on peut dire que toutes ces espèces, qui se multiplient sans aucune apparence de division, se multiplient aussi au moyen de quelque principe préorganisé, comme cela paraît très croyable, il faut avouer qu'elles forment une partie bien intéressante de notre règne animal. Mais l'autre partie des animalcules, qui se multiplient par division et que nous avons appelés à cause de cela *polypes microscopiques*, cette partie, dis-je, offre quelque chose de bien plus intéressant encore. Car que peut-on penser de leur première origine dans les infusions? Sans doute ils la tirent aussi de principes préorganisés. Mais ces principes sont-ils des œufs, des germes, ou d'autres semblables corpuscules? S'il faut offrir des faits pour répondre à cette question, j'avoue ingénument que nous n'avons sur ce sujet aucune certitude. Ces polypes meurent quand le fluide vient à leur manquer, et ils ne reprennent pas la vie quand on le leur rend; on n'a donc aucun fondement pour croire qu'ils commencent à paraître dans les infusions lorsqu'ils y tombent de l'air. Je n'ai aucune connaissance sensible de leur multiplication par le moyen de quelques principes préorganisés, je ne m'en suis au moins jamais aperçu. Cependant, pour s'en tenir aux choses qui sont jusqu'ici bien prouvées, il faut embrasser le dernier parti; car si ces polypes qui entrent les premiers dans les infusions ne sont point produits par des forces plastiques ou végétantes, ce qu'on ne saurait croire après les preuves que j'ai données de leur chimérique existence, et si, d'un autre côté, ces polypes ne peuvent passer que de l'air dans les infusions, il est très raisonnable de conclure qu'ils proviennent de quelque germe ou de quelque principe préorganisé, comme on voudra l'appeler. Il importe peu que ces germes ou ces principes féminaux ne soient pas visibles et que la division soit le moyen ordinaire de leur reproduction, car nous savons qu'on ne peut pas conclure sûrement la non-existence d'une chose de ce qu'on ne l'aperçoit pas, et il peut arriver, dans le cas présent, que les germes dont il s'agit soient trop transparents ou trop petits, pour tomber sous les sens. Par rapport au second cas, ce genre de polype ne serait pas le premier qui se multiplierait également par le moyen des œufs ou des germes, quoiqu'ils se multiplient par division; il y en a des exemples (1).

J'ai supposé que les germes, qui sont la première origine des animalcules, viennent de l'air: cette supposition me paraît très raisonnable, parce qu'elle me semble confirmée par des faits indubitables, dont je raconterai ici brièvement quelques-uns. Je choisis seize vases de verre, grands et égaux, je les divisai en quatre classes, j'en scellai quatre hermétiquement, j'en fermai quatre autres avec un bouchon de bois bien enfoncé, j'en bouchai quatre autres avec du coton et je laissai les quatre derniers ouverts. Par ce moyen, l'air extérieur n'avait aucune communication avec les uns, très peu avec les autres, un peu plus avec la troisième espèce, et enfin il y en avait où il communiquait autant qu'il était possible. Chacun des quatre vases renfermaient quatre infusions de graines de chanvre, de riz, de lentille et de pois. Ces infusions avaient été bouillies une grande heure dans les vases avant d'y être enfermées. J'entrepris ces expériences le 11 de mai; je visitai tous ces seize vases le 5 de juin: chaque vase avait deux qualités d'animalcules, les petits et les grands, mais dans les quatre vases ouverts les animalcules des deux espèces étaient si serrés, si nombreux, que

(1) *Corps organisés*, t. II.

les infusions semblèrent toutes fourmiller de vie, si je peux m'exprimer ainsi. Dans les vases fermés avec du coton, les animalcules étaient au moins un tiers plus rares; leur nombre était encore moindre dans les vases fermés avec un bouchon de bois, et encore beaucoup moindre dans ceux qui étaient scellés hermétiquement.

Je variai les graines, je me servis du maïs, du froment, de l'orge; mais le succès fut le même, relativement à l'essentiel de l'expérience.

Je variai de nouveau l'expérience en substituant aux bouchons l'huile d'olive et de noix, dont je remplissais la sommité des vases. Ce nouvel obstacle à l'air extérieur diminua le nombre des animalcules nés dans les infusions.

Le résultat de ces faits est donc que le nombre des animalcules qui se développent dans les infusions est proportionnel à la communication plus ou moins grande qu'il y en a entre l'air extérieur et les infusions. Mais pour ce qui regarde leur première origine, il faudra se contenter de dire ou que l'air extérieur apporte ces germes dans les vases, ou qu'il concourt, par son action, à développer ceux qui sont déjà dans les infusions. Je ne me fais aucune peine d'admettre le mélange de ces germes avec les infusions, et de croire que l'entrée de l'air favorise leur développement. Les faits que j'ai rapportés démontrent cependant que l'air sert de véhicule à ces germes, puisqu'il est impossible, dans le cas présent, de recourir à ceux des infusions que l'ébullition d'une heure doit avoir fait périr (1). Ce fluide, entrant plus librement et avec plus d'affluence dans les vases ouverts, doit y apporter un beaucoup plus grand nombre de germes; et, par conséquent, la population doit être plus grande dans ces infusions qui communiquent ainsi avec lui. Le contraire arrivera s'il n'entre que peu d'air dans ces vases et s'il n'y pénètre que difficilement, comme dans les vases fermés avec un bouchon de bois. Les germes qui nagent dans le volume de l'air emprisonné dans le vase qui est fermé hermétiquement seront les auteurs des animalcules qui y paraissent, mais ils sont en petit nombre, relativement aux animalcules nés dans d'autres vases ouverts, à cause de la rareté des germes producteurs, qui est proportionné à la petite quantité d'air qui est dans le vase et qui ne s'y renouvelle pas.

(1) T. I, chap. II.

CHAPITRE XII

I. Les animalcules ne sont pas des êtres *simplement vitaux*, suivant la pensée de M. de Needham, mais ils ont des marques réelles et caractéristiques d'animalité. — II. Valeur et limite de l'analogie appliquée à la progression graduelle des êtres animés. — III. Dégradation observée non seulement dans l'organisation des êtres vivants lorsqu'on parcours en descendant l'échelle animale, mais encore dans leurs opérations. — IV. Il est possible et probable qu'il y ait des êtres dont la vie consiste dans la simple irritabilité de leurs parties. — V. Les animalcules ne sont cependant pas de ce nombre, quoiqu'il paraisse y en avoir. — VI. Leurs propriétés sont très semblables à celles des autres animaux. — VII. Extraits de lettres de M. de Réaumur, relatives à ce sujet. — VIII. Insuffisance d'une objection de M. de Needham contre l'animalité de ces êtres microscopiques. — IX. Comment les animalcules peuvent produire par une division naturelle des animalcules qui soient proprement tels.

On fonde l'existence d'un principe immatériel et sentant, dans les animaux, sur l'analogie de leur organisation et de leurs opérations avec l'organisation et les opérations de l'homme, mais plusieurs de ceux qui ont eu recours à cette espèce d'analogie, quoiqu'ils fussent de profonds métaphysiciens, n'étaient pas cependant assez naturalistes pour s'en servir convenablement. Ils n'ont pas certainement pris la progression animale dans toute son étendue, ils n'en ont pas fait une juste et rigoureuse analyse, car ils auraient vu bientôt que l'argument analogique n'avait plus la même force, ni le même degré de certitude dans plusieurs anneaux de la chaîne animale, comme ils se l'étaient d'abord imaginé. Quoique je n'ai pas le dessein de contredire ici leurs idées, qui peuvent être louables,. voyons, comme d'un coup d'œil, cet argument et considérons premièrement l'organisation animale. On ne peut nier que la structure mécanique d'un très grand nombre d'animaux ne s'accorde en tout, ou en bonne partie, avec celle de l'homme. Sans parler ici de l'orang-outang, qui ne diffère de nous que par la privation de la raison, les quadrupèdes et les oiseaux s'approchent beaucoup de l'espèce humaine, si, en remontant jusqu'aux plus grands, on redescend ensuite graduellement aux plus petits : ils ont les mêmes organes pour la digestion, la circulation et les sécrétions, ils ont les mêmes ramifications de nerfs, qui partent tous de la moëlle épinière, celle-ci se forme dans tous de la même manière et de la même pâte, elle a la même origine, elle est placée dans le cerveau de tous; l'on voit dans tous serpenter les veines et les artères qui forment des fleuves, des ruisseaux et des canaux sans nombre répandus dans tout le corps, portant partout la nourriture et la vie; les muscles, les ligaments, les membranes, les téguments, les cartilages, les tendons ont le même usage chez tous; on y trouve la même variété dans les fonctions, dans la nature et la façon d'agir des os; les uns sont longs, les autres arqués, et d'autres courbés comme une voûte fermée; ceux-ci ont la dureté des pierres, ceux-là la souplesse et la délicatesse des cartilages; d'autres sont troués et pleins de moëlle, d'autres solides et massifs; quelques-uns sont d'une seule pièce, et quelques autres sont faits avec plusieurs pièces jointes ensemble ; enfin ces animaux ont tous le même nombre de sens, les organes de ces sens sont tous placés dans les mêmes endroits du corps, et ils sont construits comme les nôtres; la Nature s'est plu seulement à varier la figure de ces machines animales, en les armant de défenses, d'ongles et de griffes, en les habillant de peau, en les incrustant d'écailles, en les ornant de plumes, en les couvrant de cuirs. Dans ceux-ci elle amincit la partie antérieure du corps pour en faire un bec pointu, ou un museau effilé, ou une longue et monstrueuse trompe, ou en la grossissant, elle produit une tête effrayante par les dents qui arment la gueule et par la fierté du regard, et même quelquefois elle excite l'étonnement et le plaisir par des ressemblances avec la nôtre. Cette ingénieuse créatrice a fait les corps de manière qu'il y en a qui semblent donner l'idée de la légèreté et des grâces, tandis que d'autres n'annoncent que l'inertie et la pesanteur; celui-ci est ramoncelé en lui-même, on dirait qu'il ne fait qu'une masse, celui-là est prodigieusement allongé, cet autre a de justes proportions; en un mot, il y a autant de variétés dans les quadrupèdes et les oiseaux qu'il y a de formes différentes de la figure humaine, et cependant chaque espèce a des rapports avec elle par la partie essentielle de son organisation.

On ne saurait douter de la force de l'argument analogique, relativement à ces deux genres d'animaux, mais elle diminue beaucoup lorsqu'on descend l'échelle animale et qu'on revient aux poissons, aux reptiles, aux insectes, jusqu'à ce qu'on se perde entièrement dans les animalcules; occupons-nous un moment de la nature des insectes. L'on voit non seulement disparaître chez eux les os, le sang et les autres viscères, mais on n'y découvre aucune trace de veines ni d'artères ; on y observe seulement un vaisseau longitudinal qui règne d'un bout à l'autre de l'animal et dans lequel court une liqueur, qui est tout au plus transparente; quoiqu'ils conservent le système nerveux, ils n'ont cependant point de cerveau, au moins ils n'ont rien qui en soit proprement un; enfin, leurs organes de la respiration ressemblent infiniment plus à ceux des végétaux qu'à ceux des grands animaux. Si l'on descend encore plus bas dans l'échelle animale, on y perd tout cet appareil d'organes et on réduit le corps entier des animaux à une structure qui ne saurait être plus simple. Plusieurs polypes ne sont qu'un petit sac allongé parsemé de petits grains. Plusieurs animalcules aquatiques offrent une substance simplement membraneuse ou vésiculaire. Plusieurs zoophytes de la mer sont une espèce de gelée. L'organisation de ces animalcules ne saurait donc avoir moins de rapports avec celle de l'homme, et on peut dire, avec raison, que les plantes en ont davantage avec eux, puisqu'elles ont au moins des vaisseaux absorbants, des utricules et des trachées.

Cette dégradation, qu'on observe dans la texture organique des animaux, s'observe aussi dans leurs opérations; celles-ci sont, à la vérité, dans beaucoup d'espèces, assez voisines des opérations de l'homme : telles sont les opérations des quadrupèdes en général, mais surtout de l'éléphant, du singe et du castor. Les oiseaux ont aussi, à cet égard, beaucoup de rapports avec nous; l'art ingénieux qu'ils montrent en bâtissant leurs nids, la diversité de leurs sens pour exprimer les divers effets de leur haine, de leur cruauté, de leur plaisir et de leur chagrin; la sage prévoyance de plusieurs dans leur changement de climats suivant les saisons, la facilité d'apprivoiser les oiseaux de proie et de les dresser à la chasse, toutes ces qualités suffisent pour prouver ce que j'avance. Mais ces rapports ne sont plus les mêmes, quand il s'agit des poissons, des reptiles et des insectes. Il est vrai qu'il y en a plusieurs parmi les derniers qui se distinguent des autres par leurs ouvrages, soit qu'on considère leurs soins pour conserver leur vie, leur attention à profiter de tout ce qui peut leur être utile et à fuir tout ce qui pourrait leur nuire, ou qu'on réfléchisse à leur amour mutuel pour la propagation de l'espèce, qui paraît par leur recherche réciproque, par une singulière sollicitude pour leurs petits, par les précautions qu'ils ont de les placer dans des lieux convenables, et de les pouvoir d'aliments jusqu'à ce qu'ils puissent se passer de ces secours. Chacun connaît le génie des abeilles, la sagacité de la teigne des feuilles, l'industrie du fourmillon et de l'araignée, la férocité du bourdon, la prévoyance ingénieusement cruelle des guêpes ichneumons, etc. Mais il y a encore une multitude d'autres animaux dont le travail se réduit à saisir leur proie et à la dévorer, comme le polype à bras, ou à ouvrir et fermer leur coquille comme tant de testacées, ou à sucer leur aliment par un grand nombre de bouches qui s'ouvrent à la surface du corps, comme dans plusieurs plantes marines.

Au moyen de ce coup d'œil fugitif sur l'échelle animale, nous sommes parvenus, en descendant, à une classe d'êtres, qu'on est plus porté à croire privée d'une âme sentante qu'on est disposé à leur en donner une. Mais voudrions-nous à présent juger cette âme par la structure des corps qu'elle habite et par leurs opérations, en les comparant à la structure et aux opérations de l'homme? Voilà donc comment l'argument analogique, qui paraît si concluant dans les plus hauts degrés de l'animalité, s'affaiblit beaucoup dans les degrés intermédiaires, s'énerve et disparaît dans les derniers. Mais ne pourrait-on pas dire que les animaux qui occupent ces derniers degrés portent improprement le nom d'animaux, étant vraisemblablement privés du principe immatériel et sentant? C'est ce qui a été soupçonné avec tant de raison par M. Bonnet, cet homme qui a considéré la progression graduelle des êtres, non seulement comme un profond métaphysicien, mais encore comme un grand naturaliste. Après avoir supposé, dans les *Corps organisés* et dans la *Contemplation*, que le polype est un véritable animal, et après avoir expliqué ensuite les phénomènes les plus embarrassants dans cette supposition, il ne craint pas de hasarder dans sa *Palingénésie* une explication mécanique; il considère le polype comme un être purement vital, ou seulement doué de l'irritabilité, et il soupçonne qu'il y a peut-être d'autres animaux analogues à ceux-là par la simplicité de leur organisation et de leurs opérations. M. de Needham est allé plus loin. Tous les animaux qui réparent leurs parties perdues, lorsqu'ils sont divisés en morceaux, soit par le tranchant d'un instrument, soit par une division naturelle, sont, suivant lui, des êtres purement vitaux, et il place sans doute dans ce nombre prodigieux les animalcules microscopiques, puisque M. de Saussure a découvert qu'ils se reproduisaient par divisions ; mais il a été porté à ôter ces êtres vivants du nombre des vrais animaux, moins parce que leur organisation et leurs opérations paraissent trop simples, que parce qu'il trouve inconcevable qu'un être organisé qui se reproduit soit doué d'une âme.

Je ne trouve aucune difficulté à croire que des êtres purement vitaux, ou même des animaux dont la vie ne serait qu'une simple irritabilité dans leurs parties, soient possibles et même qu'ils existent, surtout si l'on parle de ceux qui sont le résultat d'une structure très simple et dont les opérations sont petites et très peu variées; que même dans cette hypothèse la chaîne des êtres organisés soit mieux liée et plus nuancée; que ces deux règnes, le végétal et le minéral, s'unissent mieux ensemble par le moyen de ces êtres purement vitaux ou irritables, inférieurs à l'animal et supérieurs à la plante; qu'il soit encore possible qu'entre les animalcules il y en ait qui soit au nombre de ces êtres vitaux, je n'y ferai pas la plus petite opposition et je n'y trouverai rien qui nuise à tout ce que j'ai dit dans cet ouvrage ; cependant, voulant réduire la possibilité à la réalité, je suis beaucoup plus porté à les regarder comme de vrais animaux que comme des êtres purement vitaux ou irritables, et je trouve que mon jugement est fondé, parce que je trouve en eux cet assemblage de qualités qui sont, comme nous l'avons dit, les caractères d'une vraie animalité.

J'ai eu occasion de faire connaître quelques-unes de ces qualités dans ma Dissertation, et je comptais entre elles la faculté d'éviter les obstacles ou même leurs semblables qu'ils rencontrent sur leur route, de changer subitement de direction, d'en prendre une absolument contraire, de passer subitement du mouvement au repos, sans qu'il y ait aucune apparence d'un choc étranger; je parlais de leurs élancements vers les particules de la substance des infusions, de la propriété qu'ils ont de tourner incessamment sur eux-mêmes sans se détourner, d'aller contre le cours de l'eau, de courir dans les endroits où il reste un peu de fluide et de s'y rassembler en foule lorsqu'on a essuyé l'infusion. J'ai trouvé divers autres caractères, en composant cet ouvrage, qui prouvent encore mieux l'animalité des animalcules ; je les tire de divers accidents semblables auxquels ces êtres sont exposés comme les autres animaux, lorsque les uns et les autres font les mêmes choses. Pour la commodité du lecteur et pour lui faciliter les moyens de se convaincre de l'animalité de ces êtres, je vais recueillir brièvement et mettre sous un point de vue général les diverses expériences que j'ai faites, avec leurs résultats; ceci fera mieux comprendre l'utilité de comparer les autres animaux avec nos animalcules. Ce sont ces comparaisons qui forment déjà une partie de cet ouvrage.

Une trop grande chaleur fait périr les animaux; le 35° ôte la vie aux têtards des grenouilles, aux grenouilles elles-mêmes, aux mouches sous la forme de nymphes et de vers, et aux salamandres aquatiques; le 34° tue les vers à soie et les vers de la chair; le 33° fait périr les sangsues, les vers à queue de souris et les poux aquatiques (1). Les animalcules succombent à une chaleur inférieure, je veux dire aux 33°, 34°, 35° (2).

Les animalcules ne sentent pas tous de la même manière l'action du froid. Il y en a qui meurent au degré de la congélation, d'autres à un froid un peu plus fort, d'autres en supportent un de 9° au-dessous de la glace (3). Il en est de même des insectes; l'hiver en fait périr une grande partie, mais les autres bravent pour la plupart ses rigueurs, et il y en a parmi eux qui conservent alors l'exercice de leurs membres, comme on l'observe dans quelques espèces d'animalcules. J'ai fait plusieurs fois pendant l'été geler lentement l'eau dans un cristal concave où il y avait de petits insectes, par le moyen d'un froid artificiel (4). La congélation se formait d'abord à la circonférence, elle y paraissait comme un ruban de glace. Ce n'était jamais que dans ce ruban, où les insectes restaient pris, qu'ils perdaient le mouvement ; mais ils se transportaient ordinairement dans les parties intérieures où l'eau était fluide, et lorsqu'elle continuait à geler, ils se rassemblaient dans le centre du cristal, où ils périssaient enfin lorsque toute la liqueur était gelée. On observe précisément les mêmes phénomènes dans les animalcules (5).

Les odeurs et les liqueurs qui sont un poison très actif pour les insectes en sont de même un pour nos animalcules; telle est l'odeur du camphre, la fumée

(1) Chap. IV. (2) *Ibid.* (3) *Ibid.*
(4) Chap. V. (5) Chap. V.

de la térébenthine, du tabac, du soufre, les liqueurs oléagineuses, salines, spiritueuses. L'étincelle électrique est un vraie foudre pour les uns et pour les autres [1].

Les agents qui donnent lentement la mort aux animalcules des infusions agissent de la même façon pour ôter la vie aux insectes. Tel est le vide de Boyle [2].

Les allures de ces animalcules concourent encore à prouver leur animalité; elles ne sont pas les mêmes dans tous, mais elles sont produites par divers moyens conformes à l'espèce déterminée de chacun. Plusieurs se meuvent dans les infusions jusqu'à tordre tout leur corps comme des anguilles quand elles nagent dans l'eau; mais ils ne se tordent pas tous de la même manière, quelques-uns font des contorsions faciles et leurs replis sont peu nombreux, d'autres, au contraire, ont des mouvements prompts et des replis serrés, les uns forment ces replis sur-le-champ, d'autres lentement et comme par degrés. Leurs pointes, leurs fils, qui sortent des bords du corps, sont leurs instruments pour nager; les uns les ont plus longs et d'autres plus courts, ceux-ci en frappent l'eau plus souvent et ceux-là moins, quelques-uns avec plus de rapidité, quelques autres avec plus de lenteur. Il y a des animalcules qui cheminent très lentement, il y en a qui courent très vite, plusieurs font leur chemin par pointes; plusieurs aussi semblent dans un mouvement perpétuel et ne connaissant jamais le repos. J'ai vu une espèce dont les fils postérieurs du corps sont lancés

(1) Chap. VII. (2) *Ibid.*

comme des traits qui se déploient de manière, qu'en se repliant à l'instant, ils portent l'animal à une grande distance, comme une flèche décochée par un arc. Plusieurs espèces ne se plient jamais en nageant, plusieurs autres se branlent continuellement comme un vaisseau dans l'eau; vous en trouverez qui tournent sur eux-mêmes comme une toupie et qui avancent ainsi par ce mouvement de rotation. En un mot, il n'y a aucune de ces espèces qui, étant observée avec soin, ne paraisse avor son allure particulière.

Si nous voulons joindre à tout ceci l'art que plusieurs déploient pour attraper leur nourriture par le moyen d'un tourbillon qu'ils font naître (1), le génie féroce des autres pour suivre les plus petits animalcules afin d'en faire leur proie; quand on voit que ceux-là les oublient lorsqu'ils ont l'estomac plein, et qu'ils en sont avidement gloutons quand ils sont à jeun (2); si l'on considère à présent toutes ces qualités, relativement à leur nature, à leurs allures, à leurs mœurs, et réunies dans le même sujet, il est impossible de ne pas admettre une de ces deux choses, ou qu'une foule d'êtres que tout le monde reconnaît pour de vrais animaux n'en sont pas, ou que s'ils en sont, on doit regarder aussi comme tels les animalcules qui nagent dans les infusions (3).

(1) Chap. IX, X.
(2) Chap. X.
(3) M. Guettard, dans un de ses ouvrages : *Mémoires sur les différentes parties des Sciences et Arts*, 4°, t. II, Paris, 1770, paraît persuadé, malgré mes observations, que les animalcules des infusions ne sont que des vésicules de la farine du grain infusé, qui sont mises en mouvement par des causes qui leur sont extérieures. Je prie l'*Auteur*, au cas que mon ouvrage tombe entre ses mains, de vouloir considérer la réunion de toutes ces propriétés que j'ai observées dans ces êtres microscopiques, et j'ose me flatter que ce célèbre naturaliste changera de façon de penser.

Reprenons l'analogie dont j'ai parlé, elle est l'unique appui pour juger avec probabilité du principe sentant qui réside dans les animaux. Si l'on compare le but des opérations des animalcules avec celui des animaux plus grands et même avec les nôtres, on ne les trouvera ni si disparates, ni si éloignés qu'ils n'aient plusieurs rapports. Quoique l'organisation des animalcules soit si simple qu'ils ne paraissent qu'une petite quantité de grains couverts d'une petite peau, qui les renferme entièrement, cependant on y voit plusieurs autres parties très différentes par leur usage : telles sont les petites barbes pour le tourbillon, les petits bras pour nager ; on y observe une bouche, un œsophage, un estomac dans lequel on aperçoit même un mouvement péristaltique, qui met en mouvement les aliments qu'il renferme [1]. Je dois parler encore ici d'un autre organe que j'ai découvert dans ce nouveau cours d'observation, et que je soupçonnerai destiné à la respiration ; il est composé de deux étoiles qui ont dans leur centre un très petit globe, elles sont situées comme dans les foyers de ces animaux elliptiques, qui sont d'une structure assez grande, du moins dont la corporance est au-dessus de la médiocre. Ces deux étoiles sont toujours en mouvement, soit que les animalcules se meuvent ou qu'ils soient en repos, mais le mouvement est régulier et alterne. A toutes les trois ou quatre secondes, les deux petits globes centraux se gonflent comme des utricules et deviennent plus gros du triple ou du quadruple; ensuite ils se dégonflent, et leur gonfle-

(1) Chap. IX, X, XI.

ment, comme leur dégonflement, s'exécute avec une très grande lenteur; on aperçoit la même mesure dans les rayons des étoiles, cependant avec cette différence que, lorsque les petits globes s'enflent, les rayons se désenflent, et lorsque ceux-ci s'enflent, les petits globes désenflent; pendant cette alternative, on voit dans les plus grands animalcules une ellipse très allongée et très petite, qui est placée de côté entre les deux étoiles, et qui est sans cesse agitée par un mouvement continuel.

Dans la persuasion où je suis que les animalcules qui nagent dans les infusions sont de vrais animaux, j'ai le plaisir de voir que presque tous les observateurs pensent comme moi, à l'exception de MM. de Buffon et de Needham et de quelques-uns de leurs disciples; mais ce qui me charme le plus dans ce concert d'idées, c'est que je vois s'y joindre ce naturaliste, dont je ne craindrai pas d'opposer l'autorité à celle de toute l'Europe, même lorsqu'il serait seul d'un avis contraire à celui de tous les autres naturalistes. Je parle de M. de Réaumur, c'est-à-dire d'un observateur tenant le premier rang entre les naturalistes du siècle qui se sont appliqués à étudier le règne sans bornes des petits animaux par ses observations et ses raisonnements. Il a souvent exprimé dans ses lettres à MM. Bonnet et Trembley ce qu'il pensait sur les animalcules des infusions au sujet du système de MM. Buffon et de Needham. Voici comme il parle : « *Mon objet était de vérifier les observations qui ont été le fondement d'idées si étranges sur la génération des animaux. J'ai beaucoup étudié les différentes infusions, et j'ai reconnu, non seulement que ces prétendues particules organiques sont de véritables animaux, mais que ces petits animaux sont des ordres de générations semblables qui se succèdent; qu'il est très faux que les genérations soient des animaux de plus en plus petits, comme l'ont avancé les Auteurs du nouveau système, que tout ici va à l'ordinaire, que les petits deviennent grands à leur tour.* »

Cet homme célèbre s'exprime d'une manière aussi forte dans une lettre qu'il écrivit à M. Bonnet. Réaumur dit : « *qu'il avait répété ses observations sur les insectes des infusions, qu'il les avait examinés avec le plus grand soin pendant des heures entières, et qu'il avait reconnu ce qui en avait imposé à ceux qui les ont pris pour de simples globules mouvants.* »

Le premier extrait de lettre confirme bien fortement ce que M. de Saussure et moi avons observé, et détruit le préjugé trompeur qui faisait croire que les animalcules les plus petits sont procréés par d'autres moins petits, et ceux-ci par d'autres plus gros, suivant le sentiment de MM. de Buffon et de Needham [1], qui ont été sûrement trompés par un fait en apparence très séduisant. Il arrive fort souvent que les animalcules d'une infusion sont tous de la plus grande espèce. C'est une loi constante, que les animalcules ont en général une période de vie déterminée; les plus grands périssent donc après un certain temps. Il arrive plusieurs fois que, lorsque ceux de la plus grande espèce commencent à finir, il en naît de plus petits qui sont remplacés

(1) Chap. IX, X.

par d'autres encore plus petits, et qu'à cette colonie de petits on en voit succéder une autre de plus petits. Quand on est accoutumé à observer la Nature et à n'y voir qu'elle, on s'aperçoit bientôt que les colonies d'animalcules qui se succèdent n'ont pas entre eux des rapports de mères et d'enfants ; mais si l'on ne se donne pas la peine d'analyser bien soigneusement les phénomènes, et si l'on a fabriqué l'hypothèse que les générations les plus petites sont les résultats de celles qui sont plus grandes, alors on se plaît à trouver son hypothèse dans ces colonies qui paraissent à la vérité être successivement d'un volume plus petit.

Si toutes les raisons que j'ai présentées nous forcent à regarder les animalcules qui nagent dans les infusions comme des êtres véritablement animés, que répondra-t-on à M. de Needham qui se croit obligé de les considérer comme des machines purement vitales, parce qu'ils se multiplient par division ? Je réponds d'abord, que l'Auteur tire de quelques cas particuliers une conclusion générale, quand il suppose généralement que tous les animalcules se multiplient par division. Il est vrai que c'est un des moyens par lequel un très grand nombre d'entre eux se multiplient [1]. Mais combien y en a-t-il qui se multiplient autrement sans se diviser [2] ? L'objection tomberait donc seulement sur ceux des premières espèces, mais on a pour celle-ci une réponse bien plausible. L'objection avait déjà été proposée par les partisans de l'automatisme, lorsqu'on eut découvert le polype, dont les hachures

(1) Chap. IX, X.
(2) Chap. XI.

redeviennent des animaux entiers, comme on peut le voir dans les *Corps organisés* de M. Bonnet. Sans doute si M. de Needham avait lu ce livre, il n'aurait vraisemblablement pas publié cette objection, puisque, si un philosophe raisonnable est obligé de se contenter d'une probabilité suffisante dans les choses difficiles, il aurait trouvé dans ce livre de quoi se satisfaire entièrement. Je reste donc attaché aux principes de M. Bonnet, non parce qu'ils me paraissent ingénieux, mais surtout parce qu'ils sont justes, et parce qu'on peut par leur moyen expliquer et entendre comment les parties divisées des animalcules se changent en autant d'êtres animés et sentants. Expliquons ceci par l'exemple d'un animal qui se multiplie par division, et qui surpasse à la vérité plusieurs millions de fois la grosseur des animalcules par la sienne. Je veux parler du ver de terre, chaque segment devient un nouveau tout, qui régénère en lui les parties qui lui manquent, comme la tête et la queue [1]. La régénération de ces deux parties se fait probablement par le moyen de deux germes, dont l'un est destiné à développer la tête et l'autre la queue. L'âme de ce ver, quand il était entier, résidait dans la tête, en admettant, comme il est reçu communément, qu'elle y réside dans les animaux; elle résidera donc dans la même partie du ver régénéré, soit parce que Dieu lui a créé une âme nouvelle, soit parce que, comme il est plus philosophique de le croire, cette âme préexistait déjà dans le germe de la tête reproduite; elle n'a eu rien autre à faire pour sentir que de se

(1) *Programme sur les Reproductions animales*, Modène, 1768.

débarrasser de ce germe ou se développer elle-même. Voici comme les parties coupées d'un ver se reproduisent et forment de nouveaux vers animés et sentants. Cette idée expliquée pour les vers peut se transporter aisément aux animalcules, en y mettant la proportion qu'il y a entre ces espèces d'êtres. Les divisions connues peuvent se réduire à ces trois espèces, je veux dire la division *transversale*, la *longitudinale* et celle que nous appellerons l'*anomale* ou *irrégulière*. Par la *transversale* l'animal est partagé entre deux parties, dont l'une est l'antérieure et l'autre la postérieure (1). Pour ce qui regarde la partie antérieure, où la tête reste dans son entier, elle conservera alors son *âme*, son *moi*, la *personnalité*, par laquelle on peut dire qu'un être animé existe véritablement. La question tombera donc sur la partie postérieure. Pour raisonner avec fondement, j'observe ce qui se passe; je vois d'abord que cette partie coupée grossit jusqu'à ce qu'elle égale celle de l'animal entier; outre cela, elle prend la forme de la tête de l'animal, quelle que soit sa figure, droite, pointue, courbée, obtuse, en cloche, etc. De sorte que si l'animal entier est de la classe de ceux qui font des tourbillons, j'observe que cette partie commence d'abord à produire les pointes qui sont les instruments du tourbillon et que, dès qu'elles se mettent en mouvement, elles produisent le tourbillon. J'ai donc lieu de croire qu'il s'est développé en lui une nouvelle tête et, en conséquence, que ce tout commence à être animé par un principe sentant.

(1) Chap. IX.

Cette petite théorie s'applique facilement à la division *longitudinale;* car de quelque façon qu'elle se fasse, il n'y a point de doute que l'âme ne réside dans une des parties latérales, comme dans la partie antérieure lorsque la division est transversale. Il est cependant certain que l'autre portion latérale se réintègre parfaitement, comme la postérieure s'est réintégrée dans la division transversale [1]. Si cette seconde partie se développe pour former un être véritablement animé et sentant, il est raisonnable d'imaginer qu'il lui arrive précisément ce qui est arrivé à la première.

On dira la même chose de la division *anomale* ou *irrégulière;* j'entends celle par laquelle un animal est divisé en plus de deux parties sans qu'il y ait rien de régulier pour la manière dont elle s'opère, en longueur, ou en largeur, ou dans tous les sens de ces deux dimensions. Quel que soit le nombre des parties dans lequel l'animal reste divisé, chacune d'elles acquérant la grandeur et la forme du tout acquerra aussi cette personnalité par laquelle elle devient un véritable animal. Il n'y a qu'une seule partie dans ces divisions irrégulières qui n'ait pas besoin du développement, dirai-je, d'une âme nouvelle; c'est celle qui fait partie de l'ancienne tête de l'animal.

Je sais que M. de Needham ne se contentera pas de la parité que j'établis entre les animalcules et le ver de terre, puisque celui-ci n'est pas doué, suivant lui, d'une âme sentante, car tous les animaux qui ont la faculté de réparer leurs parties perdues ne

(1) Chap. IX, X.

sont pas, suivant ses idées, de vrais animaux et existent sans aucune âme. Je crois que ce sentiment n'est possible que dans la tête de son auteur, puisqu'alors il faudrait exclure du nombre des animaux non seulement les vers de terre, mais encore ceux d'eau, les écrevisses, les lézards, les crapauds, les grenouilles, les limaçons et les salamandres, de même que tous les animaux qui réparent les parties qu'ils perdent [1]; mais cette opinion me paraît très extraordinaire, et elle n'aura sans doute que peu ou point de partisans.

(1) Programme cité.

FIN DU DEUXIÈME ET DERNIER VOLUME.

www.ingramcontent.com/pod-product-compliance
Ingram Content Group UK Ltd.
Pitfield, Milton Keynes, MK11 3LW, UK
UKHW021100260726
13994UKWH00002B/619

9 782329 460116